翘盼野鸟飞来

何腾江 著

苏庭萱 绘

海峡出版发行集团 | 福建科学技术出版社

图书在版编目（CIP）数据

翘盼野鸟飞来 / 何腾江著；苏庭萱绘. — 福州：福建科学技术出版社，2024.5

（“静观自然　湿地中国”大美生态笔记）

ISBN 978-7-5335-7248-8

Ⅰ.①翘… Ⅱ.①何… ②苏… Ⅲ.①沼泽化地－鸟类－中国－少儿读物 Ⅳ.①Q959.708-49

出 版 人　郭　武
责任编辑　李丛彦
装帧设计　刘　丽
责任校对　林峰光　蔡雪梅

翘盼野鸟飞来

“静观自然　湿地中国”大美生态笔记

著　　者　何腾江
绘　　者　苏庭萱
出版发行　福建科学技术出版社
社　　址　福州市东水路76号（邮编350001）
网　　址　www.fjstp.com
经　　销　福建新华发行（集团）有限责任公司
印　　刷　福建省地质印刷厂
开　　本　890毫米×1240毫米　1/32
印　　张　5.25
字　　数　84千字
版　　次　2024年5月第1版
印　　次　2024年5月第1次印刷
书　　号　ISBN 978-7-5335-7248-8
定　　价　29.00元

前言

Preface

一

一边是波涛汹涌的大海，潮起潮落间，少年的故事便有了一波三折的情节。那时候，退了潮，少年会卷起裤角，往潮间带去寻找大海的秘密……

一边是星罗棋布的池塘，春夏时多蓄满水，秋冬时又干涸，自然的故事便有了四季轮回的主题。那时候，池浅了，少年就蹚进水里，捉鱼呀，拔草呀，少年的时光一下子就溜走了……

那个少年，就是我。

我的故乡在祖国大陆南端的雷州半岛。

这是一片神奇的红土地，地跨热带和亚热带两个气候带。因为炎热，因为偏僻，虽是“南芜要塞”，古时却是“南蛮炎荒”，是“赤地千里，洞无一青”的“不毛之地”。

雷州半岛三面环海，海岸线漫长，沿线又港湾密布，海岛星罗，滩涂广阔，生境类型多样。再贫穷也阻挡不了父老乡亲开垦拓荒、围海造田的意志。历经一代又一代人的努力，今时的“南蛮炎荒”已然变成了美丽的家园。

二

在美丽的家园里，远处见海，近处见水。往海边走，在滩涂地里，或是红树盘根，或是野鸟群飞；往村口走，在池塘里，池水清澈，小鱼游弋，蟹虾蹦跳……

这就是湿地生境，这就是生物多样性。

都说湿地是“天然水库”，一点也不假。它的名字多到需要伸出手指来数呀数。它是滩涂，是珊瑚礁，是红树林地；它也是湖泊，是河流，是灌丛沼泽；它甚至是水库，是稻田，是盐田……

这样的湿地生境，在雷州半岛，在岭南水乡，处处有，时时见。

每一处湿地都是生物生存的“庇护所”。那里，无论是淹水了，还是干涸了，总有一株这样的树生长，或者有一朵那样的花开放。它们可能是旱生植物，也可能是水生植物。它们或先后出现，或同时共存。对了，我看见了，一只蜘蛛爬上了野花，它正在狩猎；我还看见了，一只蝴蝶飞过来了，正在花朵上采蜜……此时，一场自然界的战斗眼看着就要打响了。

每一处湿地都是动物迁移的“踏脚石”。那里的水可能连接着汪洋大海，也可能流向旁边的稻田。对了，我看见了一只从遥远的西伯利亚千里迢迢而至的冬候鸟停栖在滩涂地上，它正将尖尖的喙插入泥里，寻觅着食物；我还看见了一只小型哺乳动物在稻田间穿梭着，从这一畦田爬到那一畦田，在这里抓到了一只青蛙，在那里叼到了一只田鼠……此时，处在生物链顶端的猛禽，正盘旋在湿地上空，注视着这一幕又一幕自然的故事。

三

古人云：“靠山吃山，靠海吃海。”那时候，我们从池塘里可以捉到鱼，我们在滩涂里可以挖到蟹贝，我们可以自力更生，可以战胜困境，可以笑傲明天……

池塘也好，滩涂也罢，都是湿地，都是给我们提供养分的大地。面对大地，以及大地上的事情，我们始终怀着一颗感恩的心。

在岭南的湿地上，飞翔着一群又一群野鸟。这种脊椎动物是一大类群，披着漂亮的羽衣，划过天空，惊艳了少年的目光。

雷州半岛正好处于东亚—澳大利西亚鸟类迁徙路线上，加之有着连绵的海岸线，生长着茂盛的红树林，于是便成了候鸟的天堂。

又因为有大海，有滩涂，有池塘，雷州半岛的鱼类，无论是海水鱼，还是淡水鱼，如繁星点点。虽然鱼还可以分为软骨鱼、硬骨鱼，但雷州半岛的人还是习惯于叫“海鱼”（海水鱼）和“塘鱼”（淡水鱼），就像我们的味蕾只习惯海鱼的咸味一样固执。

这样的味蕾，是大海的味道，是故乡的味道。

在雷州半岛的湿地里，还有着以植物红树为代表的木本植物，尤其是红树林面积几乎占到了全国的三分之一，形成一道独特的风景线。

生长在海边的中潮带里的红树林，由于受海水周期性的淹浸，树皮呈现出赤红色，跟这里的红土地极为搭配。这些红树林既抵挡了海水对海岸的侵蚀，又给野鸟提供了栖息地，是湿地中国的重要一环，也是生态文明建设的最好注脚。

四

每一片丰腴的湿地，都有着一段又一段精彩的故事；

每一片富饶的湿地，都有着一个又一个生命的轮回。

在蔚蓝的地球上，我们看见了浩瀚的海洋，也看见了茂盛的森林，更看见了绚丽的湿地。这三大生态系统，组合成我们美丽的家园。

我憧憬海洋，也向往森林，更亲近湿地。

因为湿地是大自然的一块翡翠绿洲，时刻呈现出大地的生机。在这里，清新的空气拂面而来，让人神清气爽；在这里，水光潋滟，野鸟翩飞，组合成人与自然和谐共生的图景。

因为湿地是大自然的一部杰出作品，时刻描绘着物种的魅力。在这里，鱼儿在水中畅游，兽类在草地上奔跑；在这里，苍翠欲滴的植被与纵横交错的河流构筑了这片神奇的湿地，书写着生态之美，共享生态之福。

我很幸运，我的故乡拥有这样的湿地，也拥有这样的生态。我的内心时常有一种写作的冲动。这种冲动，像海水一般汹涌，像红树一般坚定。

于是，我执起笔，为少年，为湿地，为中国，写下了这一套《“静观自然　湿地中国”大美生态笔记》的小书，希望读者朋友继续喜欢。

目 录

Contents

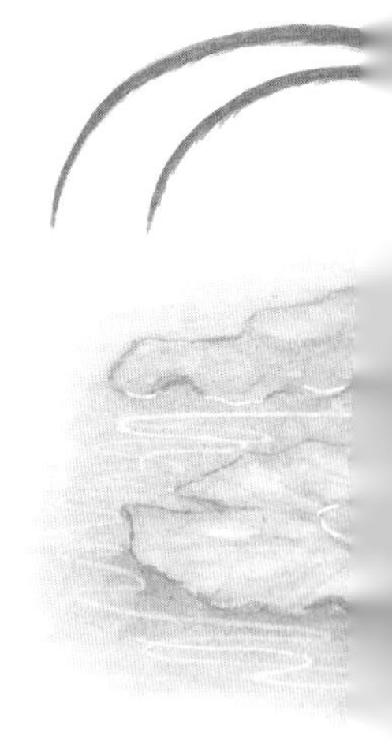

斑尾塍鹬：不吃不喝不睡觉，一口气连飞 10000 千米

时下正是冬候鸟迁徙的高峰期。在岭南的湿地生境里，时不时就有冬候鸟翩跹而过，给灰沉沉的天空留下一道又一道灵动的风景。

我喜欢站在田野上观察冬候鸟。

田野上有一片藕塘，刚刚收割过。塘面积着深深浅浅的水，有些许地方凸出水面，形成一小块泥地。

一群鹬鸟仿佛将整片藕塘都占据了。这是它们路过岭南时最好的“加油站”。此时，这群鹬鸟觅食的觅食，嬉戏的嬉戏，还有的蹲在泥地上打盹……这些鹬鸟里，凭我一己之力，顶多能够将黑翅长脚鹬、反嘴鹬、勺嘴鹬认出来。那些林鹬、矶鹬、小杓鹬，尤其是黑尾塍鹬和斑尾塍鹬，让人眼花缭乱，简直是服了，服了……

好在观鸟总有带路人。

蟑螂老师是科班出身。他一边拍摄，一边识别物种，很快就将斑尾塍鹬给“揪”了出来。

“斑尾塍鹬的喙是微微上翘的，你看到了吗？”

“旁边的那只是黑尾塍鹬，它的喙是长而直的。”

我站在蟑螂老师的身边，举着望远镜，紧张而茫然地摇着镜头。镜头里，也许我的脸上写着“尴尬”两个字。

“等一下，当它们飞行的时候，你再留意一下，斑尾塍鹬的两翼色彩相对均一，黑尾塍鹬的两翼则有明显的黑白相间的纹路。”

“斑尾塍鹬的腿略短一些，整个身子看起来也显得矮壮一点……”

蟑螂老师一下子找到了两种近亲鹬鸟的辨识要点。经过一次又一次的搜索，我好不容易才锁定它们的身影，还没来得及仔细辨认，只好当“南郭先生”，拼命点着头。

这时候，斑尾塍鹬正好啄到了一只小螃蟹。进食时，

斑尾塍鹬的头部动作很快，大口吞食着，多多少少有点“狼吞虎咽”的味道。

藕塘里还有一群鹭鸟，黑脸琵鹭、白琵鹭、苍鹭、白鹭……站在藕塘边观察了半个多小时之后，我认真数了好几轮，能够认出来的种类，也不过二三十种。

“昨天有鸟友在这里认出了将近50种野鸟。”蟑螂老师从镜头里抬起了头，扶了扶眼镜，笑了笑。

就在我们说话间，一群白鹭扑扇着翅膀，往另一边的稻田飞了过去。我们正疑惑间，空中出现了一个黑影，往藕塘上空滑翔了过来。

“原来是黑鸢来了，白鹭跑了……”蟑螂老师将镜头摇到空中，对准了黑鸢一个劲地拍摄。

藕塘在低处。从藕塘往高处望去，由近及远，芦苇围绕着藕塘生长；芦苇的边上，又生长着许多杂树。苦楝树最好认，还有乌桕树，这些树也都渐次落光了树叶。到了山脚边，几棵老榕树连成一片，郁郁葱葱的。山顶上，还生长着许多灌木，我连它们的名字都叫不出来。在灌木之上，耸立着的白千层、台湾相思树，那是岭南地区的常见树，我倒是也认了出来。

这么有层次的湿地生境，对于迁徙的候鸟而言，确实是一个不错的驿站。它们栖息在这里，食物又丰富，环境又隐蔽。待补充了足够的能量后，它们又再次启程，往更南的方向继续迁徙……

当我的思绪飘飞的时候，斑尾塍鹬和黑尾塍鹬几乎是同时起飞的。蟑螂老师早已将镜头摇了下来，正好拍到了它们起飞的瞬间。

“与黑尾塍鹬相比，斑尾塍鹬的两翼颜色较浅，尾羽的地方有黑褐色斑纹，你看见了吗？”蟑螂老师一边盯着镜头，一边解释着。

我的望远镜正好跟着斑尾塍鹬，可以清晰地看见它的两翼，此外，它的腰部到背部还有一撮白色羽毛，边缘则有散乱的褐色斑纹。

斑尾塍鹬喜欢生活在潮间带，又或者河口、沙洲及浅滩上。每年深秋及初冬，在岭南的湿地生境里，遇见斑尾塍鹬似乎也不是一件太难的事。

于斑尾塍鹬而言，每一次迁徙都并非一件容易的事。虽然它是世界上已知的不间断飞行距离最长的鸟类，但它的迁徙之路是以压缩自己的内脏并消耗脂肪的方式来完成的漫长而艰辛之旅。

有意思的是，一只斑尾塍鹬在迁徙时可以连续飞行 9 天 9 夜，能够跨越浩瀚的太平洋，飞行距离超过 10000 千米……在飞行时，斑尾塍鹬像大多数迁徙的野鸟一样，能

巧妙地顺应风向来提高本就强大的飞行能力，这样可以缩短它们的飞行时间。

到达越冬地之后，斑尾塍鹬将度过一个完整的冬天。待来年春天，它们又要出发，踏上漫漫的壮丽的归程。

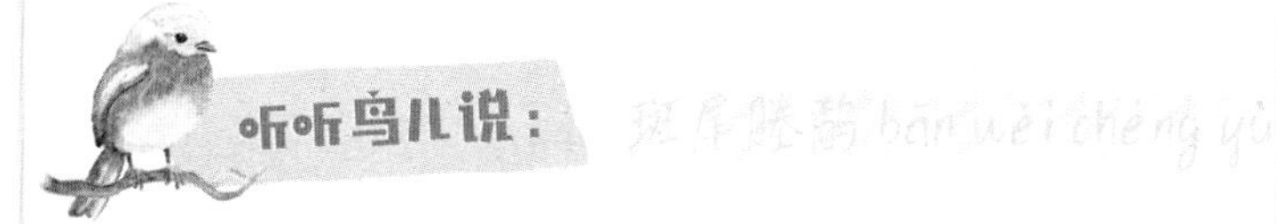

我的嘴巴长而略向上翘，胸部和腹部是灰褐色的，下腹部是白色的，还有一些斑纹。我通常以捡食、啄食的方式来捕食，我喜欢大口吞食鱼类或蟹贝等。你们在潮间带、河口、沙洲、浅滩等地方都能看见我。我可是《世界自然保护联盟濒危物种红色名录》中的近危物种！

凤头麦鸡：

头戴黑色羽冠的飞行家

Vanellus vanellus

看见凤头麦鸡的瞬间，我以为池塘对面有一只失控的风筝在空中翻转几下，落在了草丛里。继而，从草丛里又传出来一阵震颤的鸣叫声……

这就是凤头麦鸡给我的第一印象。

凤头麦鸡繁殖在中国北方大部分地区。当北风刮起来的时候，凤头麦鸡便跟随鸻形目的野鸟一起迁徙到黄河流域及其以南的地区越冬。在岭南地区，凤头麦鸡是典型的冬候鸟，时常出现在稻田及沼泽湿地沿岸。

这一片湿地时常聚集着一群又一群冬候鸟。湿地的一边是池塘，一边是入海口。池塘或者是荒废的，或者正养着鱼，一汪连着一汪。养鱼人在池塘中央装置了增氧机。到了点，增氧机就自动转动，“呼呼”地搅动着池水，使其不断翻滚着。一些鹭鸟干脆停在增氧机上方，任凭池水喷溅，顺便给自己洗个澡；入海口那边正好有一片滩涂地，时不时停歇着黑翅长脚鹬、黑腹滨鹬等野鸟。

这是典型的湿地生境。

在这一片湿地里，我记录下来的野鸟不止20种，却极少遇见凤头麦鸡。它总是非常谨慎，颇有神出鬼没的样子。

翘盼
野鸟飞来

真正清晰观察到凤头麦鸡，是在这个冬天里的一个黄昏。当天色越来越暗的时候，冬风也越来越冷了，我打了个寒战，正准备收拾拍摄设备打道回府的时候，凤头麦鸡出现了。

凤头麦鸡落在草丛里一会儿，又鬼鬼祟祟地探出了头。正是它长而上翘的“凤头”暴露了它的踪影。其实，“凤头”正是它的黑色羽冠，细长而稍向前弯着，特别扎眼。我注意到了，凤头麦鸡的羽冠形状或多或少又有点像戴胜的羽冠呢。

这只凤头麦鸡并没有发现岸上的我们。它又向前走了几步，回到了池塘的水面上。这种涉禽拥有强健而细长的腿，可以在浅水里行走自如，或觅食，或喂养雏鸟……

我们的镜头紧紧地跟随着凤头麦鸡。它的身体上半部分有着浓重的绿黑色金属光泽，脸颊多是黑色的，喉部呈白色。此时，它仿佛是一个贪玩的孩子，又在浅水区里“玩”开了。

凤头麦鸡正好捉到了一只小虾，在水里摆弄了几下，便吞了下去。就在吞咽的瞬间，一辆摩托车从岸上的公路经过，或许是为了提醒我们注意安全，车主轻轻按了一下喇叭。

正是这一声喇叭声，吓到了凤头麦鸡，只见它展开翅膀，从池塘里腾空而起。宽大的翅膀打开的时候，在望远镜里可以清晰地看见它黑色的胸部和白色的腹部，两者形成了鲜明的对比。

凤头麦鸡一边飞，一边发出警觉的叫声，一直往海岸的那边飞去。此时，站在岸边也能清晰地听见海浪声。有那么一瞬间，我仿佛觉得凤头麦鸡的叫声跟海浪声一起回荡着，在这个冷寂的冬天的黄昏里，让人有一种莫名的感伤。

显然，这只是我的情绪。

凤头麦鸡并没有将自己置身于所谓的感伤里。事实上，它是令人惊讶的飞行家，活泼好动，哪里来的忧伤呢？

此时，在入海口的上空，凤头麦鸡盘旋了一圈又一圈，不时在鸟群中横冲直撞，多多少少显得有点鲁莽了。

不知不觉，天色彻底暗了下来。我们再也分辨不出海面上升起的雾气里，那一抹黑是夜色，还是鸟影。在一声浅过一声的海浪声里，我们慢慢地离开了这一片湿地。

我的上半身呈现带金属光泽的绿黑色，我的腹部是白色的，我的头顶上还立有长而翘曲的黑色羽冠。我喜欢在地面行走觅食，最喜欢吃各类小型无脊椎动物，也会成群在低空翻飞，但是我扇动翅膀的速度比较慢。你们在水域附近的沼泽、草地、水田、旱田、河滩和盐碱地等地方都能看见我。我也是《世界自然保护联盟濒危物种红色名录》中的近危物种！

林鹬：沼泽地里的求偶表演艺术家

Tringa glareola

在湿地田野的一个拐弯处，正好有一片沼泽地。似乎是农人刚刚翻耕过的，泥土高低不一。低的地方蓄了些许水，浅浅的。有些水草冒出了头，枝条在微风里摇曳着，增添了些许生机。

站在沼泽地的边沿，耳边不时回响着一阵又一阵零乱的鸟鸣声：或是快速而尖锐的金属音——那是林鹬的声音；或是笛音般的叫声——那是翘嘴鹬的声音；又或是粗哑的鸣声——那是小青脚鹬的声音……

原来，沼泽地里聚集了一群鹬鸟。

举着望远镜，我们一只又一只地辨认着。很快，披着带有小块白色碎斑外衣的林鹬一下子突显了出来。它的喙较短而直，脚较长，腹部及臀部偏白色，上体则染着淡淡的褐色，且密布着斑点，似乎不难辨认。

林鹬南迁的时候，岭南的这一处沼泽地仅仅是中转站。它在这里停歇一段时间，补充养分。作为长相优雅的中小型涉禽，林鹬还喜欢混在其他鹬科野鸟群里，跟它们在水滨多泥地的生境里活动。

在沼泽地的另一边，正好是一片稻田。晚稻刚刚收割不久，农人还没来得及翻耕。地里裸露着稻根，清一色

的褐色。几只矶鹬钻在稻根间寻觅着什么。矶鹬身上灰褐色的斑块，与稻根极为相似，因此我们不太容易发现它们的行踪。

过了一会儿，有几只林鹬落在稻田里，聚成了小群。我们数来数去，似乎总是数不准到底有多少只。因为时不时又有其他的鹬鸟混了进来。林鹬在稻田里边走边觅食，那些躲在稻草根周围的昆虫似乎并没有逃过它们的目光，一下子就被啄住了。

显然最吸引我们目光的，还是这几只林鹬。它们一边啄食，一边发出一种类似玩具哨笛的声音。距离这一片沼泽地两三千米，便是珠江口西岸的入海口。当海风吹过来的时候，林鹬的叫声在沼泽地上空回荡着，仿佛在召唤着什么。

在林鹬的食谱里，分别写着小虾、蜘蛛……甚至一些软体动物、甲壳类等小型无脊椎动物都被它列在了名单上。在稻田的浅水里，只见林鹬用喙在水里左右来回探索着，又或是将喙插入泥土里……末了，就连落在稻田里的稻谷也被它啄食了。

此时，生性胆怯而机警的林鹬突然停了下来，抬起头，张望着，也许是发现了什么敌情。林鹬的目光似乎与我们的目光相遇了。这一瞬间，我们的动作定住了，仿佛连呼吸都不敢张扬。可是，林鹬还是展开翅膀，迅速起飞，边飞边发出一阵阵急促而尖锐的叫声。

在秋季的 9 月末至 10 月初，林鹬会从我国东北地区往长江以南地区迁徙。到了来年春天，它们又千里迢迢回到北方。到了 5 月至 7 月，便是林鹬的繁殖期。

回到繁殖地的时候，林鹬通常会集成小群活动，并不时进行求偶飞行的表演。它们成双成对地在空中翻飞，时不时将双翅叠在一起，显得很亲昵。又或者，它们上升到一定的高度后，又从半空中急剧下降，一边下降一边发出声响，似乎是在嬉戏。

要是在沼泽地里求偶，林鹬雄鸟的表现就显得有点卑微了。它半张着翅膀，屁颠屁颠地跟在雌鸟的后面，仿佛在低声下气地说着什么……

林鹬喜欢偏远的沼泽地，通常会在湿地边的灌木丛里营巢，只是这些巢都极为简陋，看得出来，它们多多少少有点将就了。又或者，林鹬干脆利用其他鸟的旧巢，这样显然省事得多了。

大多数时候，林鹬每巢都会产 4 枚淡绿色的斑驳的梨形鸟卵。当雏鸟破壳出生后，林鹬亲鸟会哺育雏鸟一段时间。此后没多久，亲鸟丢下雏鸟，只身南迁，又开启了迁徙之路……

当暮色四合，周围便渐次安静了下来，冬天的风也渐次冷了。一群又一群鹬鸟东一堆，西一堆，星星点点地停在沼泽地上，密密麻麻的，像“沙场秋点兵”，露出些许严肃的意味。

这一刻，我似乎有一种恍惚的感觉。那些停驻在沼泽地上的鹬鸟，它们静默着，等待着长夜隐去，等待着太阳喷薄而出，它们又“嘀嘀嘀”地啄着，仿佛啄亮了又一个明天……

我是一种中小型涉禽，我的身体上半部分是灰褐色的，具有白色的斑纹，我的腹部和腰部是白色的，我的眼睛周围还有白色的眉纹。我经常单独活动或者和同伴们集成小群活动。我很喜欢在水边一边行走一边觅食，有的时候还站立在水边一动也不动。我生性机警，一遇到危险就立即起飞，一边飞还一边鸣叫。你们在林中或林缘的开阔沼泽、湖泊、池塘等湿地都能看见我。

须浮鸥：会建『漂浮巢穴』的建筑师

Chlidonias hybrida

黄昏时，路过一片湿地。一群须浮鸥正在池塘上空翻飞着，忽上忽下，灰白相间的羽翼交替呈现着，仿佛就是一幅清清浅浅的水墨画。

本来是要赶着回家的，我们在野外已经站了一整个下午，此时早已腰酸背疼。面对一群并不多见的夏候鸟，此时的惊喜显然比疲惫来得更迅速，我们一下子就将汽车停在了路边。

黄昏里，夜色从远方的山峦一点一点地渗透了过来，试图一口一口地吞噬光线。我们的镜头也一点一点地暗淡下去，好在我们的行动如野鸟般迅捷，三下五除二就拍摄到了须浮鸥捕食、嬉戏时的各种生动画面。

须浮鸥也是水鸟，夏季飞来这里繁殖。我们这次遇见的一群须浮鸥频繁地在池塘上空振翅飞翔，整个动作轻快而有力，有时候它们还会保持在一定的高度悬浮着，大概五六秒之后，再扇动翅膀，往更高的天空上升，打个旋，又回到原来的高度。

池塘里，增氧机的桨叶正在打转，不断地给鱼儿打氧。好几只白鹭居然就停在水花四溅的增氧机上。它们悄然

不动，任凭水花落在身上，让人怎么看都觉得，那是白鹭在洗澡。

白鹭在下，须浮鸥在上，组合成一帧生动的湿地风景。黄昏里的池塘热闹非凡，我们的目光紧紧地盯着这一片湿地，生怕错过什么。

耳边不时响起须浮鸥短促而干涩、沙哑而断续的“唧唧”声或“嘎嘎”声。更有一只壮硕的须浮鸥越过我们的头顶，往马路另一边的入海口飞去。

入海口的海浪声，一浪高过一浪，翻滚着，远远近近地，传了过来。我们站在野外，时常会被海浪声“打湿”记忆——海鸟翻飞而过的大海，那是遥远的故乡。

思绪飘飞的时候，那只须浮鸥在入海口打了个转，翻了个身，又回到了池塘上空，回到鸟群里。

“须浮鸥捕到虾了。”蟑螂老师通过镜头看得一清二楚。我举着望远镜也追了过去，只见一只须浮鸥刚从水面腾空飞起，嘴里的虾仍然在挣扎着。显然，于虾而言，这一切都是徒劳的。

趁着夜色还没完全铺下来，须浮鸥在池塘上空寻觅时机捕食，这是它们的晚餐时间。在须浮鸥的食谱里，既有小鱼、小虾，也有水生昆虫，类似这样的食物链是湿地生态里不可或缺的重要一环。

这个时节正是须浮鸥的繁殖期，一般会持续到7月底。它们常常结成群，一起营群巢，时常过着“集体生活”。

有意思的是，须浮鸥的巢只是搭在开阔的浅水水面上，又或是河道边的芦苇沼泽地上。巢为浮巢，且飘浮在水生植物上。不过，倒也不必太担心，浮巢并不是“漂流瓶”，绝不会漂荡到远方。那是因为须浮鸥在筑巢时，会用干草或芦苇将巢与水生植物“绑”在一起。这样的巢，自然不容易被风吹走，被浪卷跑……

这么一看，须浮鸥是群居野鸟，喜欢集群觅食，就连筑巢繁殖过的也是“集体生活”，我们时常见到的场景是数十个浮巢毗邻而居，就像海岸边一艘又一艘的渔船，彼此疏离，又互相依靠，渐次形成一个小小的村落。

不知不觉，夜色彻底淹没了湿地，须浮鸥也早已从池塘上空消失。我们这才收拾好拍摄设备打道回府，期待下一次还能遇见须浮鸥，最好能遇见它们的浮巢，窥见大自然更多的秘密。

我的身体整体上是灰白色的，在繁殖季，我的额头和腹部是黑色的，在非繁殖季，我的额头和腹部则会变回白色。我小时候身上还有棕褐色的横斑呢！

我经常和同伴们成群在水域上空飞行，或者在靠近岸边的水面处活动。我喜欢捕食水中的小鱼或无脊椎动物。你们在河口、海岸、湖泊、水库、沼泽等湿地环境中都能看见我。

Calidris canutus

红腹滨鹬：了不起的环球旅行家

在滩涂地里，一群红腹滨鹬将整个头部都没入沙土里，整个动作整齐划一，仿佛训练过的一样。

这里有着宽阔的滩涂地，从这一边，一直延伸到那一边，尽头便是入海口。这里多多少少有点荒凉，却是冬候鸟的天堂。

往往是秋风刚刚刮起来的时候，冬候鸟就到了。先是一批，再是一批，最后还有一批……根本数不清。

每一只候鸟的迁徙之路，都是遥远的，红腹滨鹬也不例外。红腹滨鹬总是会想方设法，尽可能减少在迁徙途中的能量消耗。

正因如此，红腹滨鹬组成紧凑的迁徙群体，多选择顺风飞行，同时还会分段飞行，中途会选择中转站稍稍停歇一下。在选择中转站的时候，那些滩涂地也好，又或者隐蔽的河口，便是红腹滨鹬最喜欢的地方。这时候，红腹滨鹬会停下来三两天，待能量补充足了，再一起启程，往下一站迁徙……

眼前的这一片滩涂地，正好靠近入海口。我们观察红腹滨鹬时，恰逢低潮位。红腹滨鹬混在一群鹬科野鸟里，一起向四周散开来，一遍又一遍地在滩涂地里用喙扫来扫去。

那些藏在泥土里的贝类、软体动物和虾蟹，总是逃不过红腹滨鹬的目光。它的喙虽短而厚，却能够轻而易举地插入沙土里。一些小型无脊椎动物，哪怕伪装得再好，红腹滨鹬也总是能够将它们揪出来。

要是潮水涨了上来，将整片滩涂地都吞没了，红腹滨鹬就会飞到稍高处的芦苇枝上。这时候，要是肚子还没吃饱，又实在找不到食物，红腹滨鹬偶尔也会以植物嫩芽、种子或果实来充饥。

也有的时候，红腹滨鹬会从滩涂地起飞，飞往入海口的方向。它们聚集在空中，互相追逐。潮水越来越高涨，红腹滨鹬的情绪仿佛也高涨了起来。它们似乎在空中“抱”成一团，像远山上的云团一样起起伏伏。

我们的望远镜一直追逐着那一团“云团”。它们深灰或浅灰的羽毛，仿佛全揉在了一起，根本分不清谁是谁。

要是在滩涂地上，红腹滨鹬还是可以用肉眼分辨出来的。它的胸部、腹部布满了灰白色的不明显的斑纹，尾羽的末端是黑色的。在红腹滨鹬起飞的瞬间，我们可以清晰地看见，它的双翼有狭窄的白色横纹，腰部则呈浅灰色。待飞到了空中，红腹滨鹬就会发出响亮的“归归”声，那似乎是在提醒同伴：有敌情，有敌情……

当潮水彻底淹没了最后一片滩涂地的时候，红腹滨鹬也许全知道了，于是打了一个旋，齐齐往海岸线的另一边飞去。那里不仅有一堆砾石，还有一片红树林。红腹滨鹬仿佛听到了什么召唤，全部落在了砾石上，或者红树的枝头上……它们互相挨着，不时发出一阵阵低沉的单音节叫声，仿佛在回应着不息的海浪声。

第二天，当海平面的一轮太阳喷薄而出的时候，红腹滨鹬早已离开了海岸线……也许，它们又开始了下一站的迁徙之路。

谁也不敢想象，一年里，红腹滨鹬几乎有三个月的时间都在迁徙。那时候，红腹滨鹬飞往地球最北端的陆地进行繁殖。还有近两个月的时间，红腹滨鹬同样在迁徙的路上。只不过，它们会飞往南方，在河口、海岸等处过冬。正因如此，全球六大洲的海岸地区，或多或少都能找到它们的身影。

没错，红腹滨鹬是了不起的环球旅行家。

在繁殖季，我的下体是栗红色的，在非繁殖季，我的下体是白色的。我的胸部是淡黄色的，还有细细的条纹。我黑色的嘴巴又短又直，我的腿是黄绿色的。

我经常单独活动或者和同伴们集成小群活动。我生性胆小，冬季会和同伴们集成大群觅食。你们可以在河口以及沿海海岸看见我，在我迁徙的时候，你们也能在内陆的湖泊和河流等处看见我。我也是《世界自然保护联盟濒危物种红色名录》中的近危物种！

黑翅长脚鹬：鸟界『长腿娘子』

才刚刚到达这一处藕塘，便听到一阵又一阵“可、可、可、可”声，此起彼伏。仔细一听，又觉得像“睢、睢、睢、睢……”，一声紧过一声，在这片田野上回荡着，热闹非凡。

那是一群黑翅长脚鹬发出来的连续的鸣叫声。

藕塘里灌满了水，黑翅长脚鹬划动细长的红色的腿，轻盈地踩在水里，不时将同样细长的黑色喙插入水里觅食。也有几只黑翅长脚鹬或许是吃饱了，挺拔着黑白分明的身子，不时又紧了紧双翅，整个身子显得越发高挑。行走时，黑翅长脚鹬亭亭玉立于水里，仿佛每一步都显示出高贵的傲气。

黑翅长脚鹬多为常见旅鸟，到了冬天，就会从东北、西北或华北地区开始迁徙，途经全国大部分地区，越冬于岭南部分地区。它们常常栖息在淡水环境里，尤其是湖泊、浅水池塘及沼泽地，甚至是沿海鱼塘。有意思的是，作为水鸟，黑翅长脚鹬很少出现在海中，这多多少少有点让人觉得奇怪。

翘盼
野鸟飞来

此时已是上午9点，春天的太阳虽不算太猛烈，但这里的气温已然很高，才站在藕塘边半个小时，汗水已浸湿了衣衫。毕竟，清明快到了，夏天也不远了，天气渐次热了起来。

藕塘里的野鸟很多，我数了好几回，始终拿不准具体的数目，这显然也是一个技术活。不过，种群规模最大的，恐怕还是黑翅长脚鹬。这也是我第一次见到集群的黑翅长脚鹬。

藕塘很大，从西面的村口一直往东面延伸，中间还隔着两个小型鱼塘和一片香蕉林，足足有一万多平方米。这一片湿地成了野鸟的栖息地。

这里的黑翅长脚鹬似乎并不太惧人，至少不会像其他野鸟那般警觉。我们站在藕塘边一边观察一边拍摄，它们只顾着啄食，并没有“搭理”我们的意思。这倒让我们放了心，将镜头近距离地对准了它们，画面也清晰得多了。

被称为鸟界“长腿娘子”的黑翅长脚鹬在藕塘里“踩高跷”。除了不时发出“可、可、可、可”的声音，它们在湿地里呈现出来的画面是和谐的，也是灵动的。它们或三五只一小群，或十几二十只聚成大群，在浅水里划出一层又一层微澜。偶尔，黑翅长脚鹬还会调皮一下，在浅水里追逐着嬉戏，又或者展翅飞起来，与其他鹬鸟混成一群……

黑翅长脚鹬是中型鸻鹬，体长多在35—40厘米之间，喙细长，呈黑色，跗跖长，呈粉红色。它们的背部到翅膀，都是清一色的黑。飞行时，我们可以清晰地看见黑翅长脚鹬翼上、翼下都是黑色的，而腹部则为白色，且极为明显。整个身体的色彩，算是鲜明的“三色系”。

这时候，一只黑翅长脚鹬从头顶飞过。我举着望远镜“追”了过去。鸟在天上，人在地面，这才发现黑翅长脚鹬的红色长腿向后伸直，并列着，像两根细细的棍子，特别显眼。

鹬鸟在中国分布的种类有七八十种。除了黑翅长脚鹬，还有林鹬、反嘴鹬、彩鹬、鹤鹬、青脚鹬……它们喜欢群聚在湿地上，迈着优雅的步伐，在浅水里轻盈起舞，像一幅生动的水墨画，和谐又美丽。它们起飞时，双腿轻轻划过水面，泛起涟漪的瞬间，溅起一串串晶莹的水珠，在阳光的照耀下，闪着夺目的光芒。

春天已至，夏天也不远了。在这里越冬的黑翅长脚鹬，此时正在湿地补充能量。也许，过不了几天，它们又将回到北方繁殖了……

时光往复，生命轮回。黑翅长脚鹬这一生，也许一直都在“路”上，南来北往，生生不息。

我的身形高挑，腿部又细又长。我的翅膀和嘴巴很黑，我的脚是红色的。在繁殖季，我们雄鸟的后颈部会变成黑色。我经常和同伴们成群活动，喜欢在浅水中缓步觅食。我在行走时姿态轻盈、步履稳健。不过，我的胆子很小，一感到危险就会迅速起飞。你们在湖泊、沼泽、小水塘、河畔等湿地环境中可以见到我。

勺嘴鹬：海边有一把『小勺子』

到了冬天，海风刮过来的时候，人的脖子一下子就“短”了，鸟的脖子也“短”了。

我的双手插在衣兜里，在沙滩上走着，用脚踢了一只贝壳。它的一头倒在沙子里，另一头还扬在空中，似乎有点生气了：“你踢我干吗？”

我并不搭理它，自顾着往前走。

又一阵海风刮过来，我不禁打了一个寒战，将衣领再紧一紧，试图暖和一下自己。

“这种鬼天气，鸟都不敢出来了。”我低声抱怨。

“别急！”同伴安慰道。

又是一阵沉默。

漫长的海岸线，从这一头走到那一头，大半天都走不到尽头。海浪声似乎也紧了，拍打着礁石，一浪高过一浪。

“嘘！”同伴做了一个手势，站住了。

顺着同伴的手势，我望了过去，只见一只勺嘴鹬孤单地站在滩涂上，仿佛心事重重的样子。它的体长在10厘米左右，个头蛮小的，身体也圆滚滚的，简直是一个“小胖子”。

“‘小勺子’在找吃的。”同伴小声提醒道。

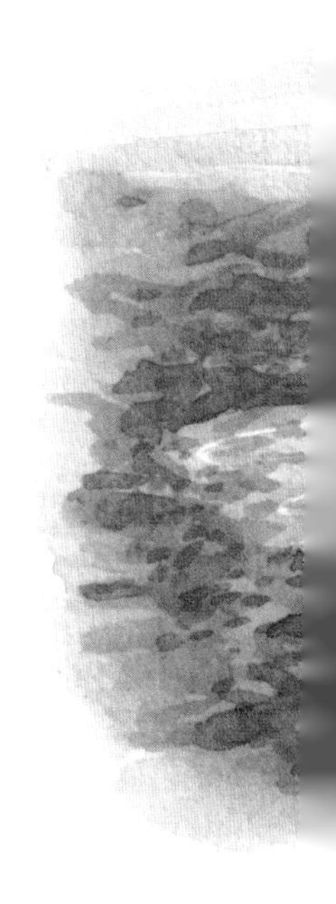

勺嘴鹬的喙插在泥滩里，一边走，一边向两边扫来扫去，探寻蚯蚓、虾和蠕虫，但似乎并没有什么收获。

于是，勺嘴鹬又回转身，连喙都没有从泥滩里拔出来。也许是这只海虾躲藏得好，也许是勺嘴鹬刚才太粗心。总之，折返的时候，它已将一只海虾捕捉到了，在泥滩里甩一甩，头都不抬一下，就吞了下去。

勺嘴鹬匙状的喙布满了敏感的神经。这样的神经，就像安装了一个传感器，只要将鸟喙尖端较柔软的部分插入泥滩中，就能探知到食物的位置。

“看到了吗？海虾被‘小勺子’逮住了。”同伴得意地说。

“小勺子”长“小勺子”短地叫着……显然同伴比我更熟悉勺嘴鹬。

这种野鸟并不难辨认，若是看到它用勺子般的喙在找吃的，那么十有八九就是勺嘴鹬，它也被孩子们亲切地称为“小勺子”。

勺嘴鹬并不是雷州半岛的留鸟，也只有到了冬天，它才南迁至此越冬。这里有长长的海岸线，还有茂密的红树林，湿地众多，食物丰饶，不愁找不到吃的。

“‘小勺子’聪明得很，有时候会和鸻鹬类野鸟混群觅食。”同伴告诉我，要是看到反嘴鹬和勺嘴鹬在一起，就更好玩了。

是的，一个嘴巴反翘着，一个嘴巴像勺子，虽然同属于鸻形目，但这两种鸟并不同科，只能算是亲戚，还谈不上亲兄弟呢！

那只孤单的勺嘴鹬还在找吃的，也许是饿坏了。它的前额羽毛是黑褐色的，而上背部羽缘却是白色的，还有一道暗褐色的羽轴纹，下体呈干净的白色，胸侧则有黄褐色的纵纹。

“别过去，别过去。”我才刚刚向前走了几步，同伴就喊住了我。也许是勺嘴鹬听到了我们的声音，于是，抬起头，望了过来。

我犹豫了一下，勺嘴鹬就起身飞了起来。此时，它翅膀下一道白色的翼带格外显眼，不时传过来的轻柔的叫声，在海面上回荡着……

这样的观鸟故事，发生在我的少年时代。现在的勺嘴鹬，难得一见，已然成了濒危的“湿地精灵”。

这些年，我时不时想起“小勺子”。2020 年，在雷州半岛的海滩上，居然来了 28 只“小勺子”。时光荏苒，被誉为“国际明星候鸟”的勺嘴鹬，夏天在极地，冬天迁徙到南方。纵然是漂泊者，但勺嘴鹬依然记得雷州半岛的海湾，真好，真好。

其实，我多想这些主要繁殖在西伯利亚东北部的楚科奇半岛的“国际友人”——勺嘴鹬，停留在家乡的海滩上，久一点，再久一点，最好留下来，成为“原住民”。

——那是不可能的。

勺嘴鹬是属于天空和湿地的孩子，永远在路上。

我的头顶和上体是灰褐色的，具有暗色的羽轴纹，我的下体是白色的，我的眼睛上部具有明显的白色眉纹。我的嘴巴是黑色的，嘴巴的末端是扁平的，就像一把勺子一样。

夏天，我在北极海岸的冻原沼泽繁殖，冬天，我就迁徙至南方越冬。我常常在浅水或滩涂的烂泥处单独活动，低头行走，不断地把嘴伸入泥中觅食。你们在沼泽、湖泊、溪流、水塘、滨海泥质滩涂等湿地环境中都能见到我。我既是《中国国家重点保护野生动物名录》中的一级保护动物，也是《世界自然保护联盟濒危物种红色名录》中的极危物种！

水雉：掌握『凌波微步』的水中凤凰

灵界水库上游有一处池塘，目测有约1000平方米。池塘里有泉水，长年不息地往下游的水库潺潺流淌，形成了一条小小的沟渠，绵延1000米左右……

这1000米左右的地方，经常形成一片沼泽地。到了雨季，沼泽地被水淹没，形成浅浅的水渠，而上游的池塘跟水渠连成一片，成了“湿地精灵”的乐园。

这一群“湿地精灵”中，就有一种被古人喻为“凌波仙子”的鸟——水雉。

水雉是一种生活在荷塘、芦荡和湖沼的开阔水域的鸟类，它那长长的棕灰色脚趾，仿如开衩的枯树枝，让它能够稳稳地踩在浅水中。

在这一片浅水区，有很多小鱼小虾摆动尾巴，游来游去。儿时的我时常拿着簸箕在这里捞些小鱼小虾回家养。这是一个村童最喜欢做的事，也是他开始阅读大自然时的功课之一。

与水雉在这里相遇，更是家常便饭。它迈着细长的腿，从容不迫地行走在浅水中，低头的时候，将尖尖的喙伸入水中，这些小鱼小虾就成了它的俘虏。

当我开始欣赏水雉的美时，已经到了上学的年纪。

牛在悠闲地吃草，我坐在牛背上，静静地看着水雉摇曳着长长的尾羽，在浅水区觅食。它的头部和颈部前端都是清一色的雪白，映衬着乌黑乌黑的眼睛，可谓黑白分明。颈部后端覆盖着一片艳丽亮眼的金黄色羽毛，胸部、腹部及尾下覆羽则是黑褐色的。

牛不知道为什么，这时候突然抬起头，莫名其妙地“哞”了一声，打破了水面的寂静。水雉以为有了什么敌情，张开雪白的双翼，摆动像雉鸡一样长长的尾羽，飞到池塘那边去了。

此时正值黄昏，金色的夕阳映照在水雉的彩衣上，倒映在水面，犹如一幅淡雅的水墨画，灵动了整个水面。

水雉能“凌波微步”于长满水草或莲叶的湖面，加之体态玲珑，毛色多彩，每每在人们的视野里翩然起舞，总能给人清新高雅之感，仿佛水乡丝竹悠然响起，令人心醉，因此它还有“水中凤凰”之美誉。

从浅水区往下游走，便是灵界水库。水库的湖面宽阔而平静，这里时常栖息着一些水鸟。儿时的我总喜欢站在岸边，静静地观察水鸟在湖面游弋。这时候，我发现湖面居然也有一只水雉。它在浮水植物的叶片上悠闲地迈着步子，正享受着这样的岁月静好。

水雉还喜欢将巢搭在浮水植物上。巢小小的，薄薄的，简陋得很，像一只盘子一样，托着蛋。灵界水库有着丰富的水生植被和良好的湿地生态，正是它们育雏的好地方。

到了繁殖期，水雉跟彩鹬一样，都是“角色反串”的鸟儿。孵蛋和育雏的重任也落在了雄性水雉的身上。待雏鸟出生后，水雉爸爸就带着宝宝外出觅食，全心全意抚育宝宝长大成鸟。要是碰上下雨天，雏鸟还没经历过风雨，就会钻到水雉爸爸的羽翼下。这样熟悉的场景，总让人想起含辛茹苦养育自己的双亲，令人动容。

听听鸟儿说：

我的身体是黑褐色的，我的翅膀大体上是白色的，我的颈后有金黄色的羽毛，我的脚趾特别长。此外，我还有非常长的黑色尾羽。我经常单独活动或者和同伴们集成小群活动。我性情活泼，善于在菱角、莲等挺水植物上行走，有时也会在水中游泳、潜水，或者沿着水面低飞。你们在有丰富挺水植物的淡水湖泊、池塘或沼泽地里都能发现我的身影。我可是《中国国家重点保护野生动物名录》中的二级保护动物！

白鹭：水墨画里的精灵

稻田里正好有一个木桩，也许是农人插在那里的，想要编织一个稻草人，以期在6月前，吓唬吓唬那些叽叽喳喳的“盗贼”——麻雀。

木桩孤零零地立在那里些许日子了，就连一只白鹡鸰都没有正眼看过它。我大抵也不会对一个木桩抱有什么兴趣吧。于是，我牵着牛，一次又一次漠然地走过。

白鹭停在木桩上，似乎一下子就不一样了，就像在沉闷的充满褐色颜料的调色盘里，洒下一条雪白的线，一切都灵动了，甚至飘逸了起来。

白鹭似乎睡着了，身体笔直，一只脚立着，长长的颈项弯下来，贴着胸部和腹部。尖尖的喙垂了下来，似乎在想些什么。

是的，这是白鹭在睡觉。不过大多数时候，它们单腿站着休息，代替了瞌睡。我的目光停在了它的细腿上，长长的，远远看上去像在踩高跷。

在稻田不远处，有一片滩涂地，那里时常能见到白鹭的身影。捕食时，白鹭用长长的双腿在浅水里划来划去。此时，水逐渐变得浑浊，黑色的尖喙就在双腿之间，追赶着一条乱窜的小鱼，或者一只糊涂的青蛙。一旦目标接近，白鹭便用尖喙突然刺向猎物，这尖喙简直就像一把利剑，谁也逃不掉。

与捕捉猎物时的犀利不一样的是，白鹭此时并无狼吞虎咽之态，而是优雅地将食物抛进嘴里，扬起“S”形的颈部，再吞进喉部，然后继续闲庭信步，时刻保持着优雅的姿态。

正因如此，白鹭每每出现在人们的视野里，总是令人为之一振。它的体羽如雪一般洁白，当它扇动宽大的翅膀在眼前翻飞时，让人情不自禁地想起唐代诗人杜甫的《绝句》——

两个黄鹂鸣翠柳，
一行白鹭上青天。
窗含西岭千秋雪，
门泊东吴万里船。

也许，这只白鹭足够谨慎。我正尾随着黄牛，一步一步往滩涂地走，它就起身，东张西望。或许是早就发现了我，一下子就扇动着翅膀，飞走了。

刚开始，白鹭的动作并不灵活，甚至有点笨拙，双腿悬着，像沉重的负担。当升到一定的高度后，白鹭的动作显然灵活多了，也自如多了。此时，它的双腿伸直，超过了尾巴，翅膀也有规律地扇动着，划过天空，仿佛一只精灵在舞蹈。这一番景象，如水墨画里的南方田园，静穆又空灵。

记得有一次到巴金笔下的“鸟的天堂”看野鸟。船行碧波上，渐次往湖的深处去。湖岸边，水草繁茂，几只柳莺鸣叫着，跳上跳下。一只棕背伯劳也许是吃饱了，立在一根枯枝上，似乎在打盹。

“白鹭！”船上传来叫声，一船人都骚动起来。抬

头一望，独木成林的榕树上，栖满了鹭鸟。仔细一看，白鹭最多，大白鹭次之，还有几只中白鹭和苍鹭。它们硕大的身子就压在细细的树枝上，树枝往下一沉，倒也撑住了。

此时正值黄昏。夕阳西下，鹭鸟归巢。船从它们的身边经过，大家纷纷举起了手机，拍个不停。白鹭扬了一下头，望了过来，并没有作势要跑的意思，想必是“习惯”了。

不知道是谁恶作剧般发出一声怪叫，几只白鹭受到了惊吓，扑腾着翅膀，飞了起来。不远处，又有一群白鹭归来，混在一起，一时竟分不清彼此。只是，白鹭在空中盘旋的画面，以及在枝叶间起起落落的场景，始终深深地刻在我的脑海里。

这般“鸟的天堂”，这般诗情画意，就像宋代诗人徐元杰的《湖上》一样美好——

花开红树乱莺啼，
草长平湖白鹭飞。
风日晴和人意好，
夕阳箫鼓几船归。

听听鸟儿说： 白鹭

我的脖子和腿又细又长，我除了嘴巴是黑色的，脚趾是黄色的，全身上下其他地方都是洁白的。我经常和同伴们成群活动，在捕猎时，我会用脚趾拨弄水底，伺机捕捉被惊吓的猎物。你们在稻田、沙滩、河岸、泥滩及沿海小溪流等湿地环境中都能见到我。

黑脸琵鹭：喜欢安静的『黑脸包公』

Platalea minor

我们踩在松软的沙滩上，沿着漫长的海岸线，往海滩的一边走去。

刚开始走的时候，沙子触摸着脚趾，舒服又柔软，脚步还算轻盈。在走出三五千米的距离后，似乎觉得沙子也不温柔了，反而有点可恶，总是将脚趾“吃”得紧紧的，迈开来的步伐也显得沉沉的。

于是，每走一步，似乎都要停下来，喘一口粗气，才能慢慢迈出下一步……

我们要步行到海滩的一角，然后乘木船，前往小岛。听说，岛上来了一群黑脸琵鹭。这种被村里的孩子称为“黑脸包公”的野鸟，儿时偶尔见过一两次，至今仍念念不忘。

刚说到黑脸琵鹭，就远远地看见海面上飞翔着一只雪白的鸟。

“是红嘴鸥吗？”同伴抢先一问。

“不像！”我将望远镜对准了野鸟，一下子就发现了它的“黑脸”，“‘黑脸包公’来了，这就是我们今天要找的黑脸琵鹭。”

黑脸琵鹭在空中完全打开了雪白的双翅，伸直了白色的长脖子和黑色的双足，滑翔着……它的前额至脸到喙，全是黑色的，衬托着全身雪白的羽色，这一番打扮，怎么看，都觉得是一个蒙面大侠。

这是一只成年的黑脸琵鹭。它的体长超过 70 厘米，还有一双大长腿，加之那张酷似包公的黑脸，当它从我们的头顶滑过时，看起来威风凛凛的，似乎是一副不好惹的模样。

其实，那是错觉。

黑脸琵鹭的性情反而温顺得多了，它并不好斗，更不会主动去攻击其他鸟类。这么说，它只是蒙面大侠，并非蒙面大盗。

黑脸琵鹭并不像我们那样急着“赶路”，在空中盘旋了好一阵子，才滑落到不远处的浅滩上。浅滩上，还有另外一只黑脸琵鹭。

此时，我们的脚步似乎轻快了起来，我们急促前行，喘息声也均匀多了。

黑脸琵鹭低着头，将如小铲子般的长喙插入泥沙里，半张着嘴，一边向前走，一边晃动头部扫荡。它的那把“小铲子”可厉害了，上面布满了触感细胞。

这些触感细胞就像一个个触感器。通过这些触感器，黑脸琵鹭就能轻松捕捉到水里的鱼、虾、蟹，以及软体动物和水生昆虫等。

在黑脸琵鹭的食谱里，这些小动物毫无疑问成了主食，但它偶尔也会吃素，像一些水生植物，也逃不过它的喙，叼起来，就吞食下去了。

还没等我们走上前，黑脸琵鹭似乎发觉了什么，于是警觉地起飞，疾速滑行，在海面上盘旋了一下，便飞向小岛的深处。

黑脸琵鹭的这一番动作，似乎又有点像一个古代女子，抱着琵琶，在空中舞蹈，因此它也有“黑面天使”或“黑面舞者”之称。

我们更感兴趣的，还是黑脸琵鹭长长的扁平如铲子状的喙。这一形象跟中国乐器中的琵琶极为相似，故而有了“黑脸琵鹭”之名。

很快，我们也发现了木船，它静静地在岸边等候着。我们跳上船，船夫熟稔地操纵着船桨，往小岛划去。

黑脸琵鹭并非岛上的原住民，只是路过这里，在这一片海滩上休整一段时间。它的目的地，是更远处的岛屿。

登上小岛，已是晌午。

鸟鸣声从清晨就响彻了，直至晌午，似乎并没有歇息，顶多算是由众声齐唱变成了独唱。总有几只暗绿绣眼鸟不知疲倦地在枝叶间跳跃着，时不时就“滴滴滴”地叫几声，惹得那些鹊鸲不满了，也跟着吵了几句……

我们知道，黑脸琵鹭才不搭理这些“小不点”的“小游戏”。它们沉着又机警，远远地躲着人。

黑脸琵鹭虽然属于鹈形目的鹮科，但更多时候，它喜欢与同为鹈形目的鹭科鸟，如大白鹭、中白鹭、苍鹭等涉禽混在一起。毕竟它们都来自同一个大家族，亲近着呢！

在岛上寻觅一番，我们很快就在红树附近的滩涂上发现了黑脸琵鹭，数一数，恰好有 6 只。它们似乎更喜欢安静的生境，在滩涂上不紧不慢地觅食……

休整几天后，黑脸琵鹭就又要启程，往南，往南。它们年复一年地赶路，寻觅的，或许是生命的真谛吧！但愿这一程，黑脸琵鹭能够平安顺利地抵达越冬地，那是我们最美好的祝愿。

听听鸟儿说： 黑脸琵鹭 hēi liǎn pí lù

我全身的羽毛是洁白的，我的额头至面部裸露的皮肤还有脚都是黑色的，我黑色的嘴巴呈现扁平勺子的形状。我性情安静，经常和同伴们集成小群在水中觅食。我会用嘴巴在水中左右扫荡，碰到食物后便将其叼出水面吞食。你们在湖泊、泥滩等处都能见到我。我既是《中国国家重点保护野生动物名录》中的一级保护动物，也是《世界自然保护联盟濒危物种红色名录》中的濒危物种！

大麻鳽：一生气就容易炸毛的『稻根』

Botaurus stellaris

到了6月，村子里的稻田就像铺上了一层黄金，在阳光的普照下，金灿灿的……

我赤着脚，走在田埂上。稻穗已垂下沉甸甸的头，等待农人的收割。稻根也已干枯，呈现出一片灰褐色。螳螂在稻根间爬来爬去，似乎摆出一副气势汹汹的样子。

螳螂爬上了一株挺立的“稻根”，转动着头部，似乎在寻找猎物。就在这时，“稻根”突然甩了一下头，螳螂打了个趔趄，赶紧用后腿盘住“稻根”。

意想不到的是，“稻根”居然飞上天，翅膀用力一甩，螳螂从半空中摔了下来，狼狈不堪。

原来，那是一只大麻鳽。

大麻鳽总是诡异地站在稻根间，一动也不动，头、颈向上伸直，喙尖笔直朝天，脖颈、腹部的斑纹显露无遗，一副呆若木鸡的样子。

其实，此时的大麻鳽正启动一种“自我保护模式”——防御状态，试图与稻根融为一体。它全身的羽色恰如稻根，呈麻褐色。虽有一些黑色条纹在背部，但并不明显。哪怕头顶还顶着一撮黑色，眼圈旁也有黑色髭纹，但站在稻根间，确实不好辨认。

翘盼
野鸟飞来

我有时候蹚着浅水走到稻田里，大麻鳽似乎早就发现了我，它也不动。待我的脚步越发近了，眼看着就快要踩到它了，大麻鳽似乎是迫不得已了，才慌乱起飞，差点把我吓得不轻。

“大麻鳽！”

我看得很清楚，大麻鳽的翅膀鼓动得很慢，几乎是贴着稻根缓慢飞行的。不过，它似乎也只是在低空里飞行了一两分钟后，又落在另一片稻田里。

大麻鳽的脖颈粗且长，垂直挺立时，就如稻根一般的模样。它的脚为绿黄色，在沼泽地里，一步一步地踩下、抬起，慢吞吞的样子，倒也好认。毕竟，这一番模样，像极了一个“落寞的英雄”。

在雷州半岛的土地上，低洼处见稻田，大海边又遍布红树林……在湿地，鱼、虾、蟹、蛙、水生昆虫，倒是不缺，给大麻鳽提供了丰富的食物。

虽然跟鹭科的其他野鸟一样，大麻鳽是这里的留鸟，但是，少年时我并不经常见到它，就连它的俗名“蒲鸡”，也是后来才知道的。

大麻鳽是夜行性涉禽，大多数时候，都是在黄昏和晚上才出来活动的。大白天的时候，大麻鳽就隐蔽在水边的草丛里，或者芦苇丛里，偶尔在白天看见它在沼泽

地里走来走去，这越发让人觉得，这位“英雄”又有什么心事了。

大麻鳽的心事，更多时候，似乎是从它的声音里传出来的，如轮船低沉的汽笛声。

这种声音在鸟界非常特别，大概是因为大麻鳽在发出声音时，会将食管里的空气挤出来，于是就能发出响亮的呼气声。

许多时候，我们熟悉某一种野鸟，往往是先熟悉它的声音。显然，大麻鳽就是。它躲在草丛里，我们并不太容易见得到它，就连它的巢也极为隐蔽。

每年5—7月，大麻鳽就要繁殖了。它们的巢并不算精致，它们顶多叼来一些草茎和草叶，凑合着，搭成一个简陋的盘状巢。

巢虽简陋，但大麻鳽一点也不在意，反而还极为喜欢，甚至相当恋家。在孵蛋时，大麻鳽雌鸟就会变得极为警惕，也许“为母则刚”也是鸟界的真实写照。

这时候，要是巢被人发现了，雌鸟就会将羽毛膨胀起来，脖子也涨得又粗又红，似乎要跟入侵者一决高低。也只有感觉到“寡不敌众”了，大麻鳽才会恋恋不舍地弃巢而逃……

比这样的逃离更令人担忧的是，大麻鳽栖息的湿地越来越少了。也许，明天的大麻鳽就不知何去何从了。但愿它高扬头部，伸长脖颈，以喙指天的“形体艺术”，不要成为“无语问苍天”的写照。

我全身的羽毛大体是麻褐色的，我的顶冠是黑色的。在我飞行的时候，具有褐色横斑的飞羽与背部浅色的羽毛呈现出鲜明的对比。我常常在傍晚开始活动，而白天则躲在芦苇丛中休息，我的这种习性被称为“夜行性”。在受到惊吓时，我会将全身的羽毛立起，以此来恫吓敌人。你们在河流、湖泊、池塘等湿地的芦苇丛中都能见到我。

苍鹭：在池塘边当『哨兵』

Ardea cinerea

沿着森林公园的小径一直往深处走，那里有一片池塘，常年积着水。杂草丛生，罗非鱼在水草间横冲直撞，仿佛叫嚣着：“这里是我的地盘。”

外来入侵物种的强悍，让那些小鱼小虾闻罗非鱼色变。这一片池塘似乎是荒废的，杂草蔓延开来，仿佛要将整个池面都遮盖了。神奇的是，草一枯，池塘又裸露出一块地方来……

这一块裸露的池面，仿佛成了苍鹭的食堂。

苍鹭站在岸边，弓着身子，纹丝不动……它的双腿看起来细长而脆弱，却完美地保持着身体的平衡。就这么站着，苍鹭似乎漫不经心地盯着水面。

在岸的另一面，我也漫不经心地瞄来瞄去。天气太冷了，出没的野鸟也少了。发现苍鹭的时候，我还以为它是一个“哨兵”，在为池塘站岗呢！

我举起了望远镜，更加清晰地看见了苍鹭的神情。它的眼里仿佛写着“饥饿”两个字。在大冬天里，对于苍鹭而言，生活并非一帆风顺。好在这一片池塘里还有罗非鱼。

苍鹭到底等待了多久，谁也不知道。那个“长脖老等”的外号，绝非虚言。此时，苍鹭正扯长了脖子，与水面保持 45 度角，斜盯着水面，简直更加形似雕像了。

很显然，苍鹭是在“守株待兔”。在我的望远镜里，苍鹭只有眼睛在转动。是的，它在等待一条鱼游过来，伺机一“嘴”捕获。

苍天不负有心鸟。一条罗非鱼也许是胆大妄为了，居然闯了过来。苍鹭轻轻收了一下脖颈，继而快如闪电般伸展颈部，长而尖锐的喙像标枪一样扎入水里，一下子就啄中了罗非鱼。

罗非鱼拼命挣扎，鱼身上的水溅得苍鹭满脸都是。可是，苍鹭根本就不给罗非鱼任何机会，一下子就将鱼往旁边的树枝上一甩，砸得鱼一阵眩晕。接着，苍鹭将鱼头调转过来，让鱼头先入口，以免被鱼鳍刺伤……

就在刚刚吞下罗非鱼的瞬间，苍鹭似乎发现了对岸的我，于是展翅而飞。苍鹭庞大的身躯似乎让它在飞行的时候显得格外吃力。苍鹭在池塘的上空打了一个转，完全张开的翅膀上全是灰色的羽毛，就连头侧至枕部的黑色也一览无余。此处的黑色羽毛延长线形成辫状羽，正是这一辫状羽，让我辨认起来，容易得多了。

苍鹭缓慢地飞行着，不时发出一声响亮的“呱——

呱——”声。才一会儿，它又落到了不远处的草丛里，将整个身子都隐藏了起来。

也许，我打乱了苍鹭的捕猎行动。这么一想，我的心里有一丝丝抱歉。

到了来年春天，还是在那一片池塘，我又遇见了苍鹭。

这一天的阳光正热烈。这里的春天已然没有那么多寒气了，空气也暖和得多了。池塘的岸边，一棵高耸的乌桕树正好将阳光挡住了一大半，导致池塘的左岸暗淡得多了。但是，池塘的右岸可以看见光芒四射。

下意识地，我往阳光热烈的地方走去。

行人稀少，鸟鸣声却沸腾着。

右岸的枯枝上，站着一只孤独的苍鹭。那是我去年见过的那只苍鹭吗？又或是另外一只？

没有人能够回答我。我只知道，几乎在每一处池塘的岸边，时不时就会遇见一只又一只孤独的“哨兵”。

我没有读出“哨兵”的意味，倒是觉得，这样的画面多多少少有一种孤独的美。阳光将苍鹭的身影拉得老长老长的，越发显出一种静默的凄美。

我站住了，再也不能往前走了。去年的歉意又涌上心头，我仿佛又听见了苍鹭在冬天里嘶哑的喉音。有时候，这些喉音是从池塘边传过来的；有时候，它又是从某棵树的树顶上传下来的，我却怎么努力也寻不着声音的位置。那是因为，苍鹭正在树顶守护着它的雏鸟。

在岭南，大多数苍鹭都是留鸟。它们守在每一片湿地旁，用孤独的身影演绎着生命的轮回，但也有一些苍鹭仿佛听见了远方故乡的呼唤，在某一个时刻，它们也勇敢启程，赶往下一个驿站，上演候鸟的故事……

听听鸟儿说： 苍鹭 cāng lù

我是一种大型涉禽。我的脖子和腿又细又长。我的嘴巴是黄绿色的，腿是黄褐色的。我全身的羽毛整体上是灰色的。我性情安静，经常单独活动或者和同伴们成对活动。我能长时间伫立在水中，静待猎物的靠近。我喜欢吃小型鱼类等水生动物。我飞起来的速度比较慢，飞行时我的颈部常缩成“Z”字形，双腿伸直，拖在身体后面。你们在低山和平原地区的河流、湖泊、沼泽、滩涂及稻田等湿地环境中都能发现我的身影。

黄苇鳽：神出鬼没的『草上飞』

Ixobrychus sinensis

黄昏是一点一点地从山的那边侵蚀过来的。这一片湿地，有稻田，也有池塘。稻田与池塘间，正好有一道田埂，长着茂密的芦苇。

芦苇朝着池塘的一边低下了头，些许叶子还沉到了水里。池塘连着大路，大路的另一边就是入海口了。此时正涨了潮。

这一边的池塘似乎将大片的芦苇叶都浸泡了……

我们站在寂静的湿地边上，目不转睛地看着夕阳。夕阳仿佛是蹑手蹑脚地踩在水面上，然后一点一点地隐退了。刚刚，天空中一群又一群大白鹭盘旋了几圈，然后落到远处红树林的枝头上，回巢歇息了。

芦苇秆突然动了一下，我们的目光自然而然就挪了过去。一只黄苇鳽在芦苇丛里扑扇了几下翅膀，就从池塘一边往稻田的另一边飞了过去。

我们的目光追随了过去，似乎看见了它黑色的头顶。它的速度实在太快了，一下子又隐入了稻田里，没了踪影。

好一个“草上飞”。

黄苇鳽也是鹭科野鸟，身体的大部分色调都是黄褐色，尤其是幼鸟，上体和下体都有纵纹，当它们停在芦苇秆上或站在稻田上时，我们不太容易发现它们。好在成鸟的头顶时常有一撮黑色的羽毛，飞羽也是黑色的，这个特征多多少少让人容易辨认了些。

幸运的是，第二次到达这一片湿地时，我们又遇见了黄苇鳽。它们时常栖息在湿地的芦苇秆上，又或者停在稻田里，是不折不扣的水鸟。

纵然知道黄苇鳽喜欢停栖在湿地上，我们却不太容易发现它们的踪影。它们要么单独行动，要么成对行动，并不集群，性情胆怯，时常藏匿在芦苇丛里。

站在湿地的边上，我们用肉眼扫了好几遍芦苇丛，只发现了一只棕背伯劳，孤孤单单地站在一根枯枝上。芦苇秆上，却空空如也。

我们并不甘心，举着望远镜，在芦苇丛里扫过来，又扫过去。在来来回回扫了三次之后，一只黄苇鳽进入

了我们的视野。它正用爪子抓住一根细细的芦苇秆。我们在望远镜里清晰地看见了，它的爪子紧紧地抓着芦苇秆，任凭风怎么吹也不会掉下来。

黄苇鳽也许还没有发现我们。那一根芦苇秆微微向着池塘的水面倾斜，仔细一看，才发现那是黄苇鳽将身体往水面倾斜着，导致整根芦苇也跟着倾斜了过去。

原来，黄苇鳽在狩猎。

时间在这一瞬间停住了。我们也屏住呼吸，尽量将身子隐在杂草丛的背后，只将望远镜轻轻往草丛上一伸，保持着观察的动作。

这时候，黄苇鳽的整个脖子都向着水面伸了过去，头部则盯着水面一动也不动。10 秒过去了，20 秒过去了，黄苇鳽仍然如雕塑般固定在芦苇秆上。

就在我们快要放弃观察的瞬间，黄苇鳽突然将喙往水里扎下去……仿佛就在我们眨眼间，它便将一条小鱼啄出了水面，并迅速吞了下去。

还没等我们反应过来，黄苇鳽把喙再次扎进水里，又一条小鱼成了它的“盘中餐”，它的狩猎行动几乎是百发百中，让人叹服。

或许是我们用相机拍摄时发出的声响吓到了黄苇鳽，只见它发出一声低沉的“呜呜”声，便展开翅膀，飞离了芦苇丛……

与大麻鳽一样，黄苇鳽也是湿地的隐士。它们总是悄无声息地躲在芦苇丛的一隅，守着湿地，也守着时光。偶尔将喙尖朝向天空，发出几声响亮清脆的“嘎嘎”声，这也许是它们对这一片岁月静好的湿地的回应。

黄苇鳽 huáng wěi jiān

我全身大部分的羽毛是黄褐色的，只有飞羽是黑色的。我年轻的同伴全身布满纵纹，呈现斑驳的黄褐色。我性情机警，经常单独活动或者和同伴们成对活动。我经常于傍晚或清晨在芦苇塘上空飞翔，或者在浅水处觅食、休息。你们在稻田、芦苇丛、沼泽地等湿地环境中都能见到我。

夜鹭：昼伏夜出，倾巢而动

Nycticorax nycticorax

一

隔着宽阔的海面，我们举着望远镜，可以清晰地看见对岸连绵不绝的红树林里栖息着一群又一群夜鹭，或耸立于枝头上，或藏身于枝叶里……

在这一条绵延五六千米的海岸线上，红树呈带状生长着，枝繁叶茂，扎根在滩涂地上，成为海岸线上的卫士。

这些红树林既能固沙，又能防风消浪，甚至固碳储碳，很好地维护着生物多样性，是名副其实的“绿色长城”。

我们站在海边，欣赏着绿意葱葱的红树林，总会觉得格外亲切。那是湿地生境里最美好的景象。

我不知道，为什么夜鹭这么喜欢栖息在红树林里？也许是因为海边有鱼吧！那些游来游去的鱼，总有一天，会成为夜鹭的“盘中餐”。

夜鹭也是中型鹭科鸟类。成鸟的头部和颈侧呈灰色，头顶至枕部则是黑蓝色的，枕后还有细长的白色辫状冠羽，颈短，背部呈黑蓝色。但是，幼鸟的体羽与成鸟却有着极大的区别，整个羽毛此时还是灰褐色的，背部布满了斑点，一不小心，人们很容易就将它误认为是处于非繁殖季的池鹭。

白天，夜鹭似乎并不喜欢行动，一直缩着长长的脖子，蹲在枝头上，长时间一动也不动。远远望过去，有点像企鹅，又有点像苍鹭。只是，一到了晚上，夜鹭仿佛换了一种性格，身体里又充满了活力，几乎是倾巢而动，以鱼、虾和蛙类、水生昆虫等为食。

池塘养殖户一提起夜鹭，总是一脸的愤怒。没办法，夜鹭除了在海边捕鱼，有时候也偷偷飞到池塘来，这样似乎更容易得手——“顺嘴牵鱼”……

虽然一直没有找到机会在夜晚观察夜鹭的捕食行动，但想必一定是壮观的，甚至是充满“血雨腥风”的。

二

在城市的一隅，正好有一条溪，从城墙边潺潺流淌着。或许是这些天下足了雨，溪水的步伐也急促了些，水面看起来也清澈多了。我看着这般清澈的流水，突然想起来一个词语——流水不腐，户枢不蠹。

我站在城墙边，往溪下张望着。一个身影突然从草丛里起飞，贴着水面飞了过去。我定睛一瞧，原来是一只夜鹭。

夜鹭只是滑行了一小段距离，又落到不远处的溪边。它正缩着颈，盯着水面。它的嘴又尖又细，微微向下弯，几乎为黑色。最为醒目的，还是它枕部披着的两三根辫状的白色冠羽，一直垂到背上。

也许是看到了我，夜鹭走动了几步，便钻进灌木丛里。只是，才一会儿，它又钻了出来，踱到水边。溪水湍急，似乎也没看见鱼的影子。

夜鹭平时就喜欢栖息在溪边，又或是池塘里。那些鱼、虾、蛙，都是它的主要食物。我一直观察它，却发现它一无所获。

或许是感觉到了我的“敌意”，夜鹭展翅起飞，朝着巨大的涵洞穿了过去，飞到道路的另一边，消失在我的视野里。

这时候，我转过头来，朝着溪的另一边走去。一只普通翠鸟几乎贴着水面往前飞行，突然扎进水里，叼起一只小鱼，又回到了原来的枝条上。

我想：要不是我的“入侵”，这一条小鱼，说不定就属于夜鹭了。

这一条溪自南往北流淌着，我干脆沿着溪继续向北行。溪的两边，杂草丛生，岸上还种着宫粉羊蹄甲及樟树。这些树种都是移植过来的，被工人打理得井井有条。只是，与溪边的杂草比起来，它们反而缺少了一点什么似的……

大约走了 20 多分钟，我又回到了城市的道路上。这时候，整个人突然觉得无趣了，于是折返，又回到了溪边。

从溪边的草丛里，传来一阵又一阵“呱呱”的声音。乍一听，我还以为是青蛙在叫呢！可转念一想，又不下雨，哪来的青蛙声呢？

侧着耳朵，继续听。像是“呱呱”声，又像是“哇哇”声，我竟有点分不清楚了。这时候，草丛里钻出来一只夜鹭。我想：这也许还是刚才的那只夜鹭吧！

下意识地，我将身子闪到一棵樟树的后面，再也不忍心去打扰夜鹭了。刚刚，它被普通翠鸟“抢”去了一条小鱼，它可能还在怪罪我呢！

这么一想，我就觉得挺不好意思的。但是，后来我又想，那一天，我走在城市的一隅，外面车马喧嚣，那条溪和那只夜鹭仍然给我足够的宁静，这是我的幸福呢！

我的头顶和背部的羽毛是黑蓝色的，其余部位的羽毛都是白色的。我的后脑勺上有两根白色的辫状冠羽，我的嘴巴是黑褐色的，脚是黄色的。我的孩子全身都是灰褐色的，身上还有斑驳的白色斑点。我经常和同伴们成群活动，在水边缩颈伫立，或者在枝头间来回走动，眼睛紧盯着水面，找准机会捕鱼。你们在低山农田、平川河坝、池塘、沼泽地等湿地环境中都能见到我。

白琵鹭：用嘴扫一扫，感应到食物啦

Platalea leucorodia

这里的冬天，有一点儿冷，又有一点儿暖。气温的升升降降，似乎也左右着我们观鸟的心情。

等到天气回暖时，阳光是温和的，天空是澄净的，我们的心情也是舒畅的……趁着好天气和好心情，蟑螂老师连续两天都带着我往湿地跑——观鸟去。

在鸡头角村的水闸处，有一块空阔的湿地，荒着。这里此前应该是一处鱼塘，也不见有人养鱼了，凹处藏着浅水，凸处露出沙地，慢慢形成了一条形状不一的深深浅浅的水沟。

水沟两边，一群大白鹭仿佛列着队，就这么站着，让人想到学校操场上的队伍。此时正是下午三点多，冬日的阳光暖和得让人犯困，它们白色的羽毛在阳光的照耀下，越发雪白。

也许是在午休，因此这些野鸟并不活跃，大多静立于沙地里。偶尔有几只调皮的，一会儿踩到水里，它们并不是在觅食，只是到水里洗了一下澡。也许只有二三十秒，我们的镜头还没来得及拍好画面，它们又回到了沙地上，静立着，仿佛一尊尊雪白的塑像。

站在高处的岸边，我们距离湿地里栖息的鸟群大约 200 米。我们在望远镜里一遍一遍地搜索，很快，白琵鹭“露”出了真容。

三只白琵鹭混在大白鹭群里。它们虽然全身的羽毛也是白色的，但是仔细观察，很快就会发现，它们的眼睛和喙之间仅有一条黑色线，且喙尖是黄色的，加之喙也是上下扁平，像一把铲子，似乎不太难认。

白琵鹭开始往水沟走了下去。它们将喙伸到水里，左右摆着头，不停地划动着。千万不要以为它们是在玩耍，它们其实是在觅食。

我们观察到的湿地鸟类的觅食动作，多是见到了食物才捕获，而白琵鹭似乎毫无目标，全靠具有感应能力的喙尖，有点像探雷器一样，来来回回“扫荡”着……

其实，采用这样独特的觅食方式的动物，还有同为鹈形目的黑脸琵鹭。

虽然不太难认，但见到白琵鹭并不容易，尤其是在好几年前，根本寻觅不到它的踪影。这些年，这一片湿地的生态环境变好了，那些冬候鸟纷纷聚集在这里栖息，成为湿地一景。

白琵鹭的警惕性很高，且多在水里觅食。即使在歇息时，它们也会安排一两只白琵鹭站岗、放哨。这一习性，

又像极了白额雁。稍有什么可疑的敌情，岗哨就会发出警报。歇息的白琵鹭群立即撤退，离开歇息地。待警报解除了，白琵鹭群并不会立即回到原来的歇息地，而是在空中盘旋几圈，再次确认安全之后，才缓缓落下来，继续歇息，或者继续觅食……

好在白琵鹭喜欢在视野开阔的浅水区歇息，这便为观鸟者提供了很好的拍摄机会。

就在我们持续拍摄期间，又来了好几只白琵鹭，它们集成了小群。这或许跟它们不喜欢离群索居的习性有关。这些白琵鹭正好排成一行，迎风而立，在冬日阳光的衬托下，呈现出一种清纯而隽秀的气质，赢得了“飞鸟美人”的赞誉。

从下午3点开始，我们一直绕着这一片湿地边拍摄边记录，时间一下子就到了5点半。刚才，西边的天空中还能看见一片血色的夕阳，似乎就在一瞬间，灰暗的夜色便铺了下来。

此时，白琵鹭群起飞了，它们可能要回到对岸的红树林过夜了。它们的队形仍然保持着原样，具有一种美学特质，仿佛瞬即流逝的一抹烟云。

我们的目光追随着这一小群白琵鹭，看到了与湿地隔着一条大堤的入海口的红树林里，同样栖息着一群鹭鸟。有的是苍鹭，更多的是大白鹭和白鹭。它们密密麻麻地将枝头装点着，似乎以一种清冷的蛋白色来抵抗越来越黑的天色和越来越冷的空气……

我全身的羽毛是洁白的，我的腿和嘴巴是黑色的，嘴巴的尖端是黄色的。我脸上的黑色部分比黑脸琵鹭少。我的嘴巴也呈扁平的长勺子状。我常常在空中盘旋，或者在浅水区休息、觅食。觅食的时候，我会用嘴巴在水中左右扫荡，一碰到食物便将其迅速吞入嘴中。你们在泥泞水塘、湖泊或泥滩等湿地环境中都能见到我。我可是《中国国家重点保护野生动物名录》中的二级保护动物！

东方白鹳：搭乘热气流升空的『大家伙』

Ciconia boyciana

一米多长的大鸟在湿地的上空盘旋，而且是三只，这幅景象一下子就将我们的目光攫住了。

“这是什么鸟？”我总是第一个发问。

“再观察观察……”蟑螂老师不紧不慢地说。

三只大鸟借着气流往湿地的另一边飞去，我们的视线一下子就被香蕉林挡住了。正泄气时，三只大鸟又回到了我们的头顶上方，排出“三足鼎立”的队形。

我们蹲守并观察这一片湿地已经两三年了，记录到的大鸟似乎并不多。或是白额雁，又或是……

就在我们仰着头观察的时候，突然又一只大鸟闯进了我们的视野，这让我们激动不已——毕竟好久没有这么幸运过了。

观鸟，总是要讲一点点运气的。

蟑螂老师刚好将四只大鸟捕捉在同一个画面里，然后利用软件识别并翻看图鉴进行对照，答案很快水落石出：三只东方白鹳和一只灰鹤。

这三只东方白鹳很可能是从东北地区迁徙而来的，到岭南地区越冬。也许正好路过这片海滨的湿地，在这里停歇一下，以补充能量。

灰鹤闯进东方白鹳的队伍时，三只东方白鹳好像并没有跟它一起玩的打算。灰鹤自知无趣，没多久，就缓缓下降，落在远处的稻田里。

东方白鹳继续盘旋着。在望远镜里，我们只能隐隐约约地看见它们展开的翅膀一半是黑色的，一半是白色的，黑白相间，多多少少有点泾渭分明。

在东方白鹳的身上，还可以找到一处“泾渭分明”的地方，那就是喙和腿。喙是黑色的，且粗壮；腿是红色的，且细小。

三只东方白鹳借助气流盘旋而上，朝着海滨的方向飞去，仿佛越来越高，也越来越远了。没多久，东方白鹳就彻底消失在我们的视野里。

在湿地里，起起落落的，还有苍鹭、白鹭、棕背伯劳……这些常见的野鸟，时常出现在我们的镜头里。实在找不到更多的乐趣，我们便收拾设备，启动车辆，往海滨的方向驶去……

刚到海岸边没多久，迎面而来的鸟友就拦住了我们，一脸的兴奋："你们看到了吗？三只东方白鹳。"

"刚才东方白鹳飞在半空的时候我们观察了一会儿，我们真是太幸运了。"我们的心情也是兴奋的。

"东方白鹳停在稻田里了，你们仔细一点，也许能够找得到。"鸟友提醒。

于是，我们将汽车停在路边，悄悄下车，躲进一旁的香蕉林里。香蕉林与稻田正好隔着一条小小的河沟，我们一个大跨步也许就能跨过去了。可是，我们不敢贸然行动，因为这样做的话，很可能会吓到东方白鹳。

东方白鹳喜欢栖息在开阔的沼泽地、湖泊，或者收割后的稻田里。它们喜欢安静的地方，性子又很机警，因此我们不太容易靠近它们。

就在这时，稻田里的三只东方白鹳缓缓走进了我们的视野里，看起来一副稳重的模样。两只在觅食，一只在休息。这时候，我们才发现，东方白鹳休息时，也像白鹭一样，以一足站立，久了，再换另一足。

正在休息的东方白鹳将头颈部缩成一个“S”形，另两只继续觅食，不停地啄食着稻田里的虫子。有趣的是，一只东方白鹳刚刚啄食到一只青蛙，末了，它上下喙不停地抖动着，发出响亮的“哒、哒、哒”声，继而又仰头、低头……

“这是东方白鹳在向同伴炫耀自己啄到了大食物……”蟑螂老师轻轻一笑。

也许就是我们这一阵轻笑声，让东方白鹳感觉到了“敌情”，它们一下子就展开翅膀，飞了起来。此时，只见它们头脚平伸，缓缓起飞，慢慢地升向天空……

东方白鹳和其他迁徙的鹳类、鹤类以及大多数猛禽一样，都是靠翱翔迁徙的。纵然它们身形庞大，飞行速度缓慢，但是，它们宽阔的翅膀倒是善于搭乘热气流，毫不费力地盘旋而上。更为重要的是，东方白鹳的翱翔效率很高，因此它们并不需要为迁徙而积攒脂肪，这让它们省了不少事。

长距离的迁徙，让东方白鹳在缓慢的旅途中，缔造了生命运动的传奇。每每想到这一点，在仰望天空的时候，我总是不忘多留意一会儿，也更期待能够在空中遇见东方白鹳……

——这是我对东方白鹳的膜拜，也是对生命的敬仰。

我是一种大型涉禽，我的嘴巴是黑色的，我的脚是红色的，我的羽毛洁白，只有飞羽内部是黑色的。我喜欢和同伴们成群活动，经常在水边缓步觅食，我还能在空中借助热气流盘旋滑翔。你们可以在稻田、湖泊、沼泽等湿地环境中见到我。我既是《中国国家重点保护野生动物名录》中的一级保护动物，也是《世界自然保护联盟濒危物种红色名录》中的濒危物种！

水鹨：稻田里的真假麻雀

Anthus spinoletta

村子里的稻田大多被山坡包围着。稻田在低处，树木在高处。风从高处的枝叶间飘过来，似乎落在了稻叶间。稻叶频频点头，似乎在告诉树：我在这里呢，我在这里呢！

4 月的稻田里，稻叶还是翠绿色的，再过几个月稻谷就会慢慢成熟了。

稻田上空除了翻飞着的几只白鹭，还有叽叽喳喳的麻雀。麻雀正在觊觎着这些未成熟的水稻，赶都赶不走。那个从去年站到现在的稻草人，似乎也拿麻雀没有办法。

“那里有一只‘麻雀’在跑步。”不远处的山坡边上，正好有一块刚收割过蔬菜的园子。

“麻雀是蹦跳着走路的，而那只鸟是在跑步。”父亲指点道。

“羽毛不都是褐色的吗？跟麻雀没什么区别。”也许，我只是熟悉麻雀的羽色罢了。

“虽然羽色确实像麻雀，但它可能是水鹨。”父亲显然更熟悉大地上的事情。

我追了过去。要是麻雀，脚步近了，它肯定依然在贪婪地啄食着东西。但这只鸟，似乎远远地看见我追了过来，就展开翅膀，飞到远处的田埂上，发出一阵刺耳的鸣声……

原来，那真是一只水鹨。

水鹨即使时常出没在稻田附近，也会吃一些植物的种子，但是，它似乎比麻雀更懂得礼节，并不会偷食农作物。农作物身上各种各样的昆虫，它都会照单全收。

仅仅凭借这一点，水鹨就超越了“贪吃鬼”麻雀。此前，我误打误撞地将它当成麻雀，真是对不起呀！

水鹨的头是灰褐色的，各羽有着不明显的暗色羽干纹，算是朴实的色调。尤其是身上的暗褐色纵纹，跟麻雀几乎一模一样。

水鹨并不常见，有时候躲在薹草间，想必又是在窥视着某一只小虫了。又或者，水鹨会躲在砾石间，追逐一只蚱蜢；它还会跳上石块，尾巴轻微地上下摆动着，以控制身体的平衡。这一摆尾习性，又有点像白鹡鸰……

在村里，我见过几次水鹨。它停在水库边的水杉上，我站在岸的这一边，远远地观察着水鹨。它很平静，除了偶尔发出几声短促的叫声外，也没有其他张扬的动作。也许，这是水鹨的另一种魅力吧！

大自然中的每一种野鸟，飞翔、奔跑、鸣唱……都是它们生命的底色。水鹨的忧伤，有时候会伴随着冬天的来临而越发沉重。

千里迢迢来到这里越冬的水鹨，尽可能地躲在岸边的石头间，减少活动，以积蓄力量。

岸边每一块石头的背风处，总会藏着一条同样饥寒交迫的虫子。水鹨靠着这些虫子度过了一个又一个寒冷的冬天。又或者，溪流处的嫩芽和种子，同样能够让水鹨熬过一阵子。

水鹨是在第一缕春风的吹拂下苏醒的。它们的忧伤，似乎全被春风刮走了，于是，鸣唱、飞翔、奔跑，一只又一只水鹨飞上枝头，向天空发出一声又一声信号，这声音在村子的上空回荡着……

生命也许就是从一声声鸟鸣里渐次苏醒的。

听听鸟儿说：水鹨 shuǐ liù

我的头是灰褐色的，我棕白色的眉纹又短又粗，在眼睛后面变得比较宽。我尾羽的最外侧是白色的，我的腹部则是棕白色或浅棕色的。我喜欢和同伴们成对活动或集成小群活动。我经常在地面上一边快速行走，一边觅食，还一边抖尾巴。我主要吃昆虫，有时候也吃少量的植物性食物。受惊时，我能在低空沿直线疾速飞行。在非繁殖季，你们可以在湖边和河滩等近水的地方看到我。

Alauda arvensis

云雀：听，听，是『告天子』的声音

云雀是属于天空的。它生活在天上，永远是在天上飞的，你不容易看见它，可能只听见过它的歌声……

我试图去寻找云雀，像寻找一个仰慕已久的师长，却终究不遇。尽管我在黎明早起，穿过空旷的田野，或者穿行在密林里，却依然难以找到它的身影。

云雀在远离人群的草丛里，或者在正在收割的稻田里。

那一天，在一片刚刚收割完毕的稻田里，鸟儿们正埋头啄食。收割后的稻田里，总有不少稻谷掉在地上，引得许多鸟儿成群结队地捡拾。

我正尾随一只“麻雀”，试图跟上它的脚步。被我尾随的那只“麻雀”，穿着砂棕色的外衣，圆圆的头，尖尖的嘴，半蹲在稻田里，不断地啄食着。它一定是一时得意忘形了，才没有注意到身后的我。

我一步一步地逼近，它一蹦一跳地往前啄食，我与它正以相等的速度前进。我的那顶用稻草装饰的草帽，将我的大半个脸庞都遮住了。我匍匐着前进，也许“麻雀”觉得那只是一顶移动的草帽。

我的脚后跟已经顶住了一丛稻草根，马上就可以发力赶上这只“麻雀”。

眼看着我就要追上它了，这只“麻雀”突然往前快走一步，紧接着一跃而起，像一支利箭直冲云霄，留下一串惊慌失措的“嘀溜——嘀溜”的声音。

原来是一只云雀！

我一直念念不忘的云雀，那只属于天空的野鸟。

这一次失手，我不但不懊恼，反而觉得欣慰。我知道，云雀不是地上的野鸟。

抬起头，只见云雀已一会儿高一会儿低地飞在半空中了。它像大海上起伏的帆，一会儿冲上浪尖，一会儿被甩入海中。

云雀并没有飞远，而是在我眼前的另一畦田地上空盘旋。它一边振翅，一边鸣叫，声音激越又清脆，干净又响亮，回荡在空旷的田野上，让人回味无穷。

我眼睁睁地看着云雀在不远处鸣唱。这么清脆的歌声，恐怕令许多野鸟自卑，难怪古书上都叫它“告天子”“告天鸟”，或者“朝天子”。

自此之后，我就特别留意云雀。它们总在半空中“嘀溜——嘀溜”地鸣唱，有时三五只列着队在田野上飞舞，有时成群结队地鸣唱，像在参加天空中的合唱比赛。

蓝天下，旷野里，风吹草低，“嘀溜——嘀溜”的声音此起彼伏，这一图景永远定格在我少年记忆的画卷里。

长大后，随着见识的增长，我发现了一首由伟大的作曲家舒伯特所作的世界名曲《听，听，云雀》，传说这首曲子是他在郊外的饭店里吃饭时，听到窗外云雀的叫声，又随手翻阅莎士比亚的诗集，读到一首写及云雀的诗歌后即兴创作的。而著名文学家木心也曾写过一本书，书名就叫《云雀叫了一整天》。

是的，云雀叫了一整天，我却未曾厌倦过。因为它是欢乐的，也带给了我无尽的欢乐——

嘀溜——嘀溜——
云雀叫了一整天
从地上叫到了天上
叫醒了稻谷，叫醒了天空

嘀溜——嘀溜——
云雀叫了一整天
从过去叫到了现在
叫醒了忧伤，叫醒了快乐

我的眉纹是棕白色的，我的脸颊和耳羽是淡棕色的，我的初级飞羽是黑褐色的，我的尾羽较长，外侧的尾羽是纯白色的。我身体上半部分的颜色是沙棕色。我的鸣声响亮而多变。我时常从地面突然起飞，等飞到一定的高度时，会浮翔于空中。受惊时，我会竖起羽冠。我喜欢待在森林沼泽和潮间带等地方，尤其喜欢待在近水的草地里，你们可以在这些地方找到我！我可是《中国国家重点保护野生动物名录》中的二级保护动物！

黄鹡鸰：能飞出正弦曲线的鸟

Motacilla flava

父亲扬着鞭子，不时吆喝着老黄牛。老黄牛低着头，努力地拉着犁，一畦一畦地犁开沉睡了一个冬天的田地。

那些似乎还没睡够的虫子，在大地的被子被掀开的时候，嘟囔地骂了几句。显然，它们从睡梦中被粗暴地吵醒了，十分不满地翻转一下身子，想着再找个地方钻进去，美美地睡个“回笼觉”。

真是想得美了。

黄鹡鸰正尾随着犁铧，一蹦一跳地巡视着每一畦地。还没等这些虫子钻进土里，它已将虫子啄住，美美地饱餐了一顿。

雄性黄鹡鸰总是披着一身鲜艳的羽毛出现在田野里。雌性黄鹡鸰的羽色就没那么靓丽了，许多鸟类都是这样的：强壮的一方往往也是漂亮的一方。

黄鹡鸰的背部是橄榄绿色的，眼上有着明显的白色或黄色眉纹。倒是整个腰部有着金丝雀般的亮黄色，仿佛一颗会飞的柠檬。要是从高处落下来，黄鹡鸰的尾巴跟白鹡鸰、灰鹡鸰一样，总是不停地抖动着。

很多时候，这种抖动尾巴的习惯，恰恰让观鸟者能迅速将鹡鸰科的野鸟跟其他野鸟区别开来。毕竟，黄鹡鸰的英文名“Yellow Wagtail”，本义就是“黄色摆尾鸟”。

“那里有一只摆尾的鸟在啄食虫子。”我提醒父亲道。

“黄鹡鸰！”父亲脱口而出。

在雷州半岛越冬的黄鹡鸰，到了春天，还没有飞走。也有人说，那是报春鸟。有时候，人们等待黄鹡鸰的心情，就跟等待春天一样焦急。

春天来了，黄鹡鸰也活跃了起来。它们在田野周围活动，像勤劳的农夫一样，总是要“出工”的。有时候，我们还会看见老黄牛的身上停驻着好几只牛背鹭。它们高高在上的样子，于黄鹡鸰而言，是不是有点耀武扬威的味道呢?

黄鹡鸰似乎并不计较。它们跟在老黄牛的背后，有时候还会冒险飞到正在扶犁耕田的父亲脚下……它们总会机灵地从这一块田畦跳到另一块田畦上，尖尖的喙总能奇迹般地从地里揪出一条又一条肥硕的虫子。

好不容易犁完田了，父亲给

老黄牛卸下了曲轭，让它好好吃一顿青草。黄鹡鸰仍然跟在老黄牛的背后。那些乘虚而入的飞虫，原以为也可以美美地吃上一餐。可是，它们错了。黄鹡鸰就守在老黄牛的旁边，向飞虫发起了进攻，一下子就将它们消灭了。

与“黄色摆尾鸟”这个称呼比起来，我似乎更喜欢“牧人的鸟”这个称呼。只要远远地看到牛蹄边飞来飞去的“黄色摆尾鸟”，十有八九，就是黄鹡鸰了。

有时候，我正在田野里忙着干农活，头顶上方传过来一阵单调而响亮的“唧——”的声音，我都会不自觉地抬起头，追寻天空里飞过的鸟影。

留意多次之后，我就发现了黄鹡鸰。它们喜欢稻田，也喜欢草地，时常结成大群，出没在牲口的周围。到了迁徙的季节，黄鹡鸰更喜欢出现在湿地里。

与白鹡鸰、灰鹡鸰比起来，黄鹡鸰显然更引人注目。尤其是在棕灰色的田埂上，黄鹡鸰鲜艳的羽色总能让人一眼就认出来。

有意思的是，在这一片湿地里，同为鹡鸰科的黄鹡鸰时常跟白鹡鸰纠缠不断。可是，白鹡鸰似乎更为勇敢，也更不屈不挠。因此，黄鹡鸰在白鹡鸰面前，可是吃了不少苦头。

在野外，白鹡鸰更多时候像是到此一游的郊游者罢了。很快，白鹡鸰会回到村庄，而黄鹡鸰才是田野的原住民，它们有什么好争的呢？

我身体的上半部分是橄榄绿色的，我的眼睛上方有明显的白色或黄色眉纹，我的耳羽比后脑勺的颜色更深，并且羽色与后脑勺相连。我停下来的时候有个习惯，就是喜欢上下摆动我的尾羽。而且，我还擅长起伏飞行，飞行路线呈现出像正弦曲线一样的波浪状。你们在河谷、林缘、原野、池畔等地方都能见到我。

东方大苇莺：在灌木丛里开演唱会的『呱呱唧』

Acrocephalus orientalis

苇莺属的野鸟总喜欢躲在低矮杂乱又密密匝匝的湿地灌木丛里鸣唱，有点让人扫兴的是，一旦脚步声近了，它们仿佛有谁在指挥一样，刚才还抑扬顿挫地鸣唱，突然就偃旗息鼓了。

我的脚步刚离开几步，它们又齐齐地歌唱了，而且这声音一会儿像云雀，一会儿像红隼，一会儿像暗绿绣眼鸟……甚至是一连串根本分辨不出的声音。一瞬间，我甚至有点纳闷：难道这一片小小的灌木丛里藏着一群鸟吗?

我又折返回来，就这么站定在一棵树的后面，屏住呼吸，尽可能让自己不发出一点声响。鸟鸣声继续响着，但灌木丛里始终没有别的动静。

好奇心上来了，我伏下身，往前爬，尽可能地接近灌木丛。鸟鸣声还在继续，这让我有点像在沙漠里渴望见到绿洲一样，既忐忑又期待。

很幸运，也很惊讶，我见到的是一只东方大苇莺在自导自演的“独角戏”。这种苇莺属的野鸟时常单独躲在灌木丛里，或者停在一根芦苇上鸣唱。它的鸣唱方式多种多样，有时候在一场“演唱会”上，就能将各种类型的歌全都唱一遍……因此，它有个别名，叫“呱呱唧”。

东方大苇莺这么喜欢鸣唱，主要还是雄鸟所为。这些雄鸟极尽所能地把歌唱得有节奏感，旋律更优美，曲目更多样，因为这样就能吸引到最漂亮的雌鸟。

有趣的是，雄鸟的歌声要是越复杂，就越能吸引雌鸟。此时的雌鸟会因为被雄鸟的歌声吸引，而飞过来跟这只擅长歌唱的雄鸟组建家庭，并且生蛋孵蛋，哺育雏鸟。

谁也想不到，这只小小的雄性东方大苇莺的歌声，竟然有这么大的魅力。事实上，它只是一只瘦小的“褐色小家伙”：全身的羽色几乎是清一色的橄榄褐色，就连喙也是粉褐色的，与棕色是极为接近的。停栖时，它的顶冠略微耸起，但远没有那种“怒发冲冠”的威力。

总有人认为，东方大苇莺这一身素雅的打扮是一种稳重的象征，加之它又有一个古典的名字，因此总被人称为“有修养的绅士”。

其实，这一位“绅士”并不算太稳重，反而有点调皮。东方大苇莺倒是十分活泼，喜欢生活在近水的地方。

即使再调皮，东方大苇莺也不喜欢靠近人。遇见人，它就迅速飞走，一边飞，一边大声鸣叫，好像被人追着逃的样子，多多少少有点狼狈。

东方大苇莺对食物一点也不挑剔，叶子上的蜗牛、湿地里的水生昆虫，以及植物的种子，它都“照单全收”了。

到了繁殖的季节，东方大苇莺会选择在水库边上的蒲草里筑巢。这时候，它会将几根蒲草拉在一起，在蒲草中间用碎枝或杂草织成一个深杯形的巢穴。

原以为筑好巢，幸福的日子就会来临。可是，很不幸的是，东方大苇莺总有一个“恶邻”——大杜鹃。这种在鸟界出了名的“恶邻”，总会趁着东方大苇莺离巢的时候，偷偷靠近它们的巢穴，然后迅速将自己的蛋下在巢里。

自然界的神奇恰恰就在这里。

大杜鹃的蛋，无论形状，还是色调，都与东方大苇莺的蛋接近。更为神奇的是，不明真相的东方大苇莺孵啊孵，大杜鹃的蛋总是抢在其他蛋的前面孵化出来。那只就连眼睛都还没睁开的大杜鹃雏鸟趁东方大苇莺外出觅食时，就会粗鲁地将同巢的鸟蛋或雏鸟挤出巢外……

糊涂的东方大苇莺至今还蒙在鼓里，含辛茹苦地喂养着“别人的孩子”。而大杜鹃的雏鸟也是恬不知耻地张着嘴，不断催促“养父母”捕食幼虫回来，以满足它巨大的胃。

此时，大杜鹃成鸟躲在不远处，亲眼看着别人帮自己养大孩子，还偷着乐呢！

也许，正因为有了这一段故事，东方大苇莺也好，大杜鹃也好，当它们一起生活在同一片湿地里，才能演绎出大自然的神奇吧！

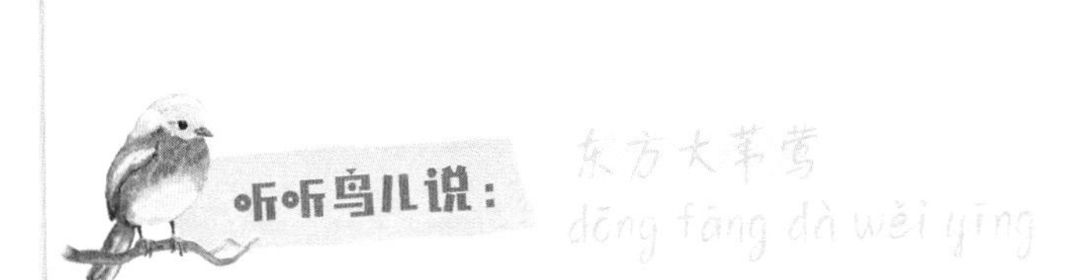

我身体的上半部分是橄榄褐色的，我拥有皮黄色的眉纹和褐色的贯眼纹，我嘴巴内侧的肉红色十分显眼。在停栖时，我的顶冠略微耸起。我性情活泼，但又比较警觉，经常频繁地在草茎和灌木丛枝间鸣唱、跳跃。你们在高原湖泊、沼泽地及河滩地带的芦苇丛中可以见到我。

红嘴蓝鹊：敢攻击猛禽的『鸦科战神』

Urocissa erythrorhyncha

红嘴蓝鹊一出场，整个气势就压倒了一切。

一张大红嘴，一双红皮靴、一对长尾羽，加之一身蓝色制服……红嘴蓝鹊悄然无声地滑翔到这一棵美丽异木棉树上时，仿佛就是一位威风凛凛的警官。

其实，红嘴蓝鹊压根就不是什么正派的警官。它来势汹汹，珠颈斑鸠也好，红耳鹎也好，都扑扇着翅膀，纷纷逃了……

整棵美丽异木棉树全被红嘴蓝鹊占了。

停栖在树上的红嘴蓝鹊，看起来确实优雅又尊贵，尤其是淡紫蓝色的长尾羽，更是让整片蓝天都失了色。

果然是名不虚传的鸦科野鸟呀！

美丽异木棉树的旁边，就是一片池塘。池塘里，有的青蛙正趴在荷叶上，试图捕捉不远处的蚊子；有的青蛙藏在水里，只剩露出来的两只眼睛骨碌碌地转。

殊不知，一场战斗将要打响了。

红嘴蓝鹊从美丽异木棉树上落在池塘边，对着池塘一阵扫荡，瞬间就啄食了好几只小青蛙。这还不罢休，它将一只大蛤蟆也逮住了，一下子未能吞下去，于是它跃到一棵低矮的番石榴树上，将蛤蟆往树干上摔了几下，直到将蛤蟆摔晕了，这才开始慢慢地享用美餐……

红嘴蓝鹊要么数只至十余只集成小群，在树上寻觅食物；要么单独一只，静悄悄地滑过天空，留下长长的淡紫蓝色尾羽的痕迹，惊艳了大半个天空。

不得不承认，飞翔中的红嘴蓝鹊美得无边无际。

在岭南的湿地生境里，遇见一只堪称惊艳的野鸟，其实也是一件容易的事。荒野的溪边，又或者城市的河汊里，时常出没的野鸟，像麻雀、白头鹎、白鹡鸰等，或许是见惯了，很难给人一种惊艳的感觉。

红嘴蓝鹊不一样。

漂亮到无边无际的红嘴蓝鹊，也许是因为凶狠，它们很少与其他野鸟混群。这并不是它们孤芳自赏，而是大多数野鸟都害怕——连老鹰都被这位“鸦科战神”追得无路可逃。

是的，红嘴蓝鹊也是不好惹的。

红嘴蓝鹊性情凶猛，攻击性极强，时常见到它们伸展开长长的尾羽，在空中主动攻击猛禽，仿佛在叫嚣着：“这片天空是我的，这片天空是我的……”

我们在野外湿地观鸟至黄昏，正准备收拾器材回家的时候，四只红嘴蓝鹊滑翔到我们眼前的一棵大树上。

那是一棵高大的秋枫，叶子并不茂密，果实倒是有不少，密密麻麻地缀满了枝头。

也许红嘴蓝鹊并没有发现我们，又或者它们根本就不把我们放在眼里。滑翔时悄无声息，栖息时却“判若两鸟”，“喳喳”地喧闹个不停。

我们举着望远镜，目不转睛地盯着红嘴蓝鹊。镜头里，最明显的色彩，还是它们橙红色的喙和脚趾。虽然头部的黑色一直延伸到胸部，但枕部却有淡紫白色的块斑，且一路延伸到头顶。

红嘴蓝鹊毕竟是红嘴蓝鹊，它将大自然里的蓝、红、白、黑四种常见的颜色组合在身体上，看似普通的色彩组合，却幻化出惊人的视觉效果，成了“惊艳”的代名词。

这不得不让人惊叹：每一只野鸟，都是天生的神奇的艺术家。

红嘴蓝鹊

hóng zuǐ lán què

我是一种鸦科鸟类，我后脑勺的淡紫白色块斑一直延伸到头顶，我的嘴巴和脚是橙红色的，身体上半部分和两个翅膀是淡紫蓝色的，身体下半部分渐变为乳白色。我时常和数只至十余只同伴聚成小群，在河流两岸的林间觅食。我喜欢短距离滑翔。我的攻击性很强，一点也不怕人。你们在湿地、森林、村落等各种生境里都可以找到我的身影。

北红尾鸲：空中捕食高手

Phoenicurus auroreus

“北红尾鸲来了，在紫马岭公园的玫瑰园里。”蟑螂老师在微信里给我留了言，并附上一张北红尾鸲的照片。这只色彩艳丽的野鸟，是从北方迁徙至此的。它的出现，像是一种明确的信号：冬候鸟，又来了。

南来北往，任何一只候鸟的迁徙，都是生命的壮举，也传递着自然界的正能量。

感谢北红尾鸲给身居岭南的我们带来北方的问候。这仿佛就是一种约定：离开时，记得带走我们的祝福；回来时，也不忘带来远方的问候。

定格在蟑螂老师镜头里的是一只雄性北红尾鸲。它立于灌木丛上，我特意将照片放大，可以清晰地看见它的前额基部、头侧、喉、背部及两翼都是棕黑色的，只有翼上有一小撮白色翼斑点缀着，像一片灵动的装饰，反而扎眼。头顶及颈部多是灰白色的，腹部大面积都是淡棕色的，中央尾羽是黑褐色的。总而言之，这只北红尾鸲的色彩是饱满的，给人的观感也是饱满的。

“可以拍到视频吗？”看了照片，我意犹未尽，想着欣赏一段视频。

“没拍到视频。刚发现它，马上就飞走了，一下子就没了影子。”隔着屏幕，我仿佛瞄见了蟑螂老师一脸的失望。

北红尾鸲胆子小，一见到人，就马上躲藏到丛林里。这只冬候鸟确实不太给我们近距离观察它的机会。不过，它路过岭南地区的时候，会出现在各种生境里，稍微留意，或许找到它的身影也不算太难的事。

北红尾鸲或者单独行动，或者成对活动，行动敏捷，喜欢站在树枝上不停地点头或抖尾，像一个调皮的孩子。它那不停抖动的黑褐色的尾羽，跟欧亚红尾鸲是极为相似的。不过，北红尾鸲鸣唱的时候，是一小串的“叽叽叽叽”声，音量大不说，连节奏感都强多了，旋律也较其他红尾鸲更复杂，并且还有颤音。哪里像欧亚红尾鸲，鸣唱的时候只唱一小段序曲，从来没有进入正式的乐章。

蟑螂老师与北红尾鸲擦肩而过后，心有不甘。一到周末，便邀上我，一起到紫马岭公园再转转，试试运气……

果然，就在一处隐蔽的角落里，一只北红尾鸲正停在一棵粗壮大树的枝头上。它不停地抖动着尾巴，脑袋不时转来转去，机灵着呢！

此时的冬阳正热烈，照在北红尾鸲黑褐色的羽毛上，散发出金属般的光芒。一只昆虫正好从它的眼皮子底下

飞过，北红尾鸲一下子扑过去，将昆虫啄住，又回到原来栖息的枝头上。

一段时间后，或许是吃饱了，北红尾鸲跃上另一棵树的高枝，好像在歇息。我们举着望远镜观察了它许久，可是它最终还是从望远镜里消失了。

放下望远镜，我们的视野一下子开阔了很多。还是蟑螂老师眼尖，发现北红尾鸲飞到了不远处的花丛里。那里的昆虫起起落落，北红尾鸲正从花丛里疾速滑过……

果真是一位空中捕食高手。

记忆里，少年时的我在村子里也见过北红尾鸲。那只北红尾鸲停在一棵裸露着枝条的榕树上，露出黑褐色的尾羽，“叽叽叽”地叫着，那些音符组成了优美的旋律，也有着丰富的表现力。

那时候，当我牵着老黄牛回家，还没走近榕树时，北红尾鸲就飞到池塘对岸的枝条上。停下来的时候，它不断抖动尾巴，还不时点一下头，好像在跟我打招呼呢！

这样的场景，像梦一样萦绕在我的心中。幸运的是，这么多年过去了，北红尾鸲仍然出现在我的生命里，让我时刻感受到它带给我的美好。

于是，在秋风起、落叶飘的时候，一只又一只北红尾鸲沿着透出斑驳阳光的海岸向着南方迁徙，来到我们的城市，我们或多或少总能从野鸟的身上，找到彼此生命里丝丝缕缕的联系。

听听鸟儿说： 北红尾鸲 bĕi hóng wĕi qú

我的头部是灰白色的，翅膀是黑色的，翅膀上有明显的白色翼斑，身体下半部分的其他地方是棕色的；我太太除了尾羽是棕色的之外，其余部分都以灰褐色为主。我经常单独活动或者和同伴们成对活动。停栖时，我的尾巴也会上下颤动并不停地点头。我喜欢在飞行时捕食，但是，捕到食物后，我又会回到原来的停栖处。我喜欢栖息在河谷、耕地或林缘地带的灌木丛或低矮树上，我常常把我的巢穴建在墙洞、石缝和柴垛中，你们可以在这些地方找到我。

黑脸噪鹛：爱吵闹的『面罩侠』

Garrulax perspicillatus

在紫马岭公园的湿地生境里行走的时候，不远处的密林里响起一阵又一阵哨音，嘈杂不已。

“那是黑脸噪鹛在叫。”蟑螂老师提醒道。

我们向着鸟鸣声传来的地方追了过去。很快，我们就发现了好几只黑脸噪鹛在榕树的枝条间叫个不停。在望远镜里，我们可以清晰地瞧见它们的前额、眼周和耳羽都是黑色的。乍一看，感觉黑脸噪鹛正戴着一个黑色的面罩。只是，它的头部和上胸部都是褐灰色的，全身的颜色也从上体的褐灰色向胸部至腹部的方向逐渐过渡为浅棕黄色。

就在我们专心观察的时候，一根粗壮的枝条将一只黑脸噪鹛的大半个身子都挡住了，只露出深褐色的尾羽，长长的，拖在后面，掩映在绿叶间。

黑脸噪鹛好像发现了我们，一下子就飞走了。我们一路追着它，可是很快就跟丢了。只是，在近旁的一棵樟树上，我们又发现了好几只黑脸噪鹛。

都说黑脸噪鹛生性吵闹，这一点也不假。我们才刚刚停了下来，只见两只黑脸噪鹛就落到草地上，一边觅食，一边还吵个不停，仿佛在说：“你抢了我的东西，你抢了我的东西……”

我们又换了一个地方，继续寻找新的“鸟情”。

才进入一片深林，远远的，又听见了黑脸噪鹛喧嚣的叫声，杂乱而刺耳，而且是长时间的鸣叫，根本停不下来。

这一片深林，原本是极为静谧的。因为几只黑脸噪鹛的出现，一下子就热闹了起来。这样的场景，总是会让人想起一群孩子在吵闹的样子。

黑脸噪鹛喜欢热闹，时常聚在一块吵吵闹闹。它们一出现，仿佛就有一种大戏要启幕的节奏，从林地“吵”到灌木丛，又从灌木丛“吵”到农田里。这下子，连城市公园的地盘也被它们“占领”了。

在这座城市里，我们时常在紫马岭公园和金钟湖公园看见黑脸噪鹛的身影。偶尔看见单独一只立于枝头，黑脸噪鹛也不停地叫嚣着什么，一刻也停不下来。

就在深林里的一片浅滩上，我们看见两只黑脸噪鹛正在打闹。一只黑脸噪鹛居然从另一只黑脸噪鹛的屁股后面，将对方整个身子掀翻了过来。

毫无防备地被人家顶了个四脚朝天，这是一种羞辱。正所谓“士可杀不可辱”，另一只黑脸噪鹛翻身爬了起来，立刻予以还击。几番战斗下来，这一只黑脸噪鹛将对手的一片尾羽给啄了下来。

战败的黑脸噪鹛摇摇晃晃地飞到远处一棵树的枝头上。即使输得颜面全无，它仍然在枝头上骂骂咧咧的……

黑脸噪鹛的整场战事，都被我们用镜头记录得清清楚楚。那只战败的黑脸噪鹛孤零零地站在枝头上，再怎么叫嚣，我们都觉得既别扭又突兀，好像已然了无气势了。

缺少了一片尾羽的黑脸噪鹛，它还会好起来吗？

听听鸟儿说：黑脸噪鹛 hēi liǎn zào méi

我的身体大致是褐灰色的，我的嘴巴上半部分和前额都是黑色的，我的前额至眼后绕耳羽至下颊形成了一个黑色面罩。你们看，我像不像一个酷酷的"面罩侠"？我经常单独活动或者和同伴们集成小群活动，会在树林、灌木间来回蹦跳、穿梭，飞起来姿态比较笨拙。

我喜欢栖息在低山丘陵地带的林缘、灌木丛中，有时也在耕地附近的林薮中活动，你们可以在这些地方发现我的身影。

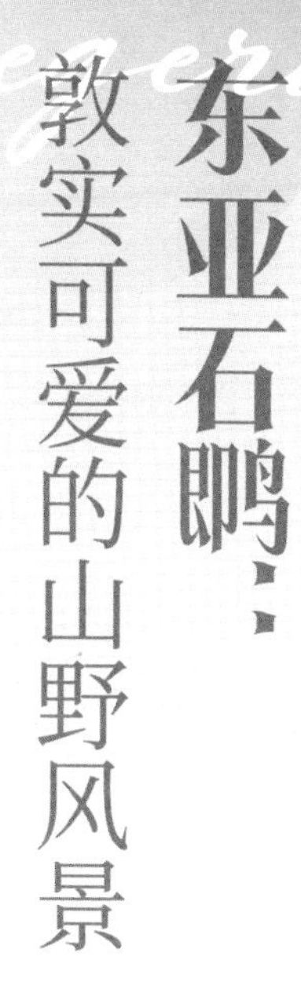

东亚石鹏：敦实可爱的山野风景

这是苏格兰诗人诺曼·麦凯格笔下的黑喉石鹏，形象逼真，跟我少年时在村子里见过的东亚石鹏几乎一模一样，自然界的野鸟就是这么神奇。

东亚石鹏是雷州半岛的冬候鸟，一到冬天，它就如约来到这里。

虽然东亚石鹏也只是“过路客”，但相对于匆匆而过的其他野鸟来说，它还算是一位“租期”不短的“租客”。

东亚石鹏喜欢站在灌木丛的枝头上，又或者一棵小树的树顶，四处打量，高声歌唱。这是在炫耀什么呢?

在山野间乍一听，总会有一种莫名其妙的感觉：这是谁在整修石墙吗?这种尖锐又清脆的敲击声，更像是哪个调皮的孩子在溪流边用两块鹅卵石反复撞击着什么……

其实，那是一只敦实的东亚石鹏的“杰作”。

最先让我记住的，是东亚石鹏又短又厚的黑色尾羽。它正背对着我，摆动着尾部，那一撮黑色的羽毛就露了出来。这又有点像北红尾鸲。

没多久，这只东亚石鵖想必有点失望，因为没有一只雌鸟回应它的歌声，于是转了个身，正好对着我。它黑色的头颅格外打眼，脖颈两侧有不少白斑，两胁和下体有着较浅的棕色。

这一番模样，恰如诗人笔下“外表整洁，装束华丽”的描述。东亚石鵖这么高调地站在裸露的枝头鸣唱，有时候甚至扇动着翅膀，悬停在半空中。只是它的悬停功夫终究不及叉尾太阳鸟般高明，于是又急促地下坠，继而又急促地上升，由悬停变成了垂直飞行。这就有点像调皮的男孩子跟着别人学某种技术，学艺却不精。噢，这岂不成了“东施效颦”吗?

千真万确，这是一只雄鸟，色彩丰富的雄鸟。

东亚石鵖或为单独活动，或为成对活动。有时候，稻田里一株来不及拔掉的稗草上，都会停着东亚石鵖。它静立于稗草秆上，也许是在等待一只飞虫路过。

果然没错。

只见东亚石鵖一个箭步飞离稗草秆，迅疾将飞虫逮住，然后原路返回，又落在了稗草秆上。在它的食谱里，昆虫是主食，那些时常在稻田里作威作福的蝗虫，总逃不开它锐利的目光。

有时候，它还叼着一条蚯蚓，站在枝头吃得津津有味呢；有时候，在溪流边，也能见到东亚石䳭的影子。它们赤脚蹚在浅滩上，阳光透过稀疏的叶片射在它们黑褐色的背上，在水面上反衬出星星点点的光来。

溪水淙淙地流淌着，回响着，在这一片静谧的地方。东亚石䳭玩了一会儿水，又回到枝头上，扇动着翅膀，羽毛上的白斑闪动，这也是山野间的风景。

想不到的是，这么敦实的东亚石䳭，生命却极其短暂。在迁徙的途中，或者遭遇寒流，或者遭遇猛禽……只是，作为一只野鸟，它们终将有自己的使命，或为歌唱，或为繁殖，与喜悦无关，与痛苦无关。

也许，生命对一只东亚石䳭而言，只是一场懵懂的梦。它在雷州半岛灰暗的冬日天空里，已然献出动听的歌声，给这里的冬天带来了生趣，这，就够了。

我的头部是黑色的，我身体的下半部分和两胁的颜色比较浅；我太太身体上半部分的颜色大致是淡黑褐色的，还带有一点灰色，身体下半部分的颜色比我更浅。我经常单独活动或者和同伴们成对活动。在繁殖季，我常常站在小树上或灌木丛中鸣唱。我的鸣声尖细又响亮。我喜欢吃昆虫等动物性食物，也吃少量的杂草种子。你们在农田、沼泽地、灌木丛、森林、草原等地方都可能遇见我。

How To …

如何开启一场
观鸟之旅

在繁忙的学习生活中，你有没有想过放下书本，走进大自然，去追寻那些自由翱翔的精灵——鸟儿？今天，就让我们打开一扇通往自然的大门，一起开启一场精彩的观鸟之旅。

想象一下，清晨的第一缕阳光透过树梢，鸟儿们开始了它们忙碌的一天。你背上望远镜，带上一本鸟类图鉴，步入这片生机勃勃的世界。但在此之前，我们需要做哪些准备工作呢？

首先，选择一个好的观鸟地点至关重要。你可以去郊外的公园，或是附近的山林、湿地，甚至是学校的花园。这些地方通常生态环境较好，适合鸟类栖息和繁衍。接着，确定一个合适的时间。清晨和黄昏是鸟儿最活跃的时候，也是观鸟的最佳时段。

准备好装备同样重要。一副好的望远镜能让你更清晰地观察到鸟儿的模样，而一本鸟类图鉴则能帮助你识别各种鸟类。此外，请你穿上舒适的服装和鞋子，因为观鸟可能需要长时间的站立或行走。

当你来到观鸟地点时，记得要静静地等待，耐心是观鸟的关键。切记不要大声喧哗，以免惊扰到它们。同时，使用望远镜时要轻手轻脚，避免快速移动，这样才能更好地观察鸟儿的生活习性。

在观鸟的过程中，你可能会遇到各种各样的鸟儿。有的在空中翱翔，有的在水边嬉戏，还有的在树枝上歌唱。你可以尝试记录下它们的特点，比如羽毛的颜色、叫声、飞行的方式等。这些珍贵的观察笔记将成为你观鸟旅程中的美好回忆。

最后，不要忘记保护我们的环境。在观鸟时，请不要破坏鸟儿的栖息地，不要留下垃圾，更不要捕捉野生鸟类。我们要用心感受自然的美好，同时也要努力成为自然的守护者。

通过这次观鸟之旅，你不仅能够亲近大自然，还能学到很多关于鸟类的知识。你会发现，每一种鸟儿都有它独特的生活方式和生存智慧。它们不仅仅是天空中的一抹色彩，更是地球生态系统中不可或缺的一部分。

所以，小伙伴们，让我们一起行动起来，开启一场满足好奇心和探索欲的观鸟之旅吧！在这个过程中，我们不仅会收获快乐，还会对这个世界有更深的理解和爱护。

想了解更多湿地鸟类知识，可以查询以下网站

中国观鸟记录中心：http://www.birdreport.cn/

中国动物主题数据库：http://www.zoology.csdb.cn/

懂鸟网站：https://dongniao.net/

鸟类百科：https://niaobiji.com/

后记

Postscript

在岭南的湿地生境里，科班出身的蟑螂老师扛着沉重的拍摄器材，要么跋涉在高高低低的河沟边，要么行走在深深浅浅的滩涂地……我单肩挎着一个松散的简易小包，屁颠屁颠地跟在他身后，一起到荒野观察野鸟。

或者一个月一次，又或者一周一次……我们在湿地生境里行走的步伐，从来没有停止过。无论是下雨，还是刮风，又或是艳阳高照，想出发了，我们就义无反顾地走向湿地，走向自然……

我们仿佛都听见了湿地的呼唤。

这些年，因为有了蟑螂老师带路，我在观鸟的路上也越发有了浓厚的兴趣，记录到的野鸟也渐渐多了起来。它们或是熟悉的，或是陌生的，密密麻麻地出现在我随身携带的小型笔记本上。这些野鸟的名字慢慢地与我关联了起来，我对它们也渐渐地有了真挚的感情。

这真是一种奇妙的经历。

说起来，有时候连自己都不敢相信，我居然成了正儿八经的野鸟观察者，也成为一本正经的自然文学记录者。

虽然在少年时代我就喜欢在大自然里奔跑，与一只野鸟相遇，与一只虫子私语，与一株植物重逢，但是，能如此系统地观察、科学地记录鸟类，深情地书写它们，我想多多少少要归功于蟑螂老师。

有意思的是，我与蟑螂老师曾经共事过。我们曾经一起策划、组织、出版过一系列的自然科普类书籍。即使后来换了单位，工种也变了，唯一不变的，是我们对自然的喜爱。

很多时候，蟑螂老师带着我行走在荒野间观察自然、记录野鸟时，我总有一种恍惚的感觉。仿佛我又回到了生我养我的雷州半岛，回到了我的故乡灵界村，回到了少年时代。

对一个乡下孩子而言，每一只野鸟的鸣唱，都是一种恩赐。在我的生命里，我始终记得，灵界村的白鹭也好，云雀也好，又或是黑翅长脚鹬，它们带给我的快乐是永远的，是不会泯灭的。

也正因如此，人到中年，再次与这些野鸟相遇，我时常有一种“他乡遇故知”的感觉。这样的感觉，像谜一样，吸引着我不断去探索、去钻研、去书写它们的故事。

是的，我乐此不疲。

于是，我写了一只又一只鸣禽，也写了一只又一只涉禽，还写了一只又一只游禽……我并没有停下我的脚步，更没有停下我的笔。

在这个冬天，蟑螂老师带着我专门记录了南迁的野鸟。这些野鸟栖息在岭南的湿地生境里，或嬉戏，或觅食，或歇息……它们是湿地生境里的精灵。

这些野鸟里，有常见的须浮鸥、黄鹡鸰，也有不那么常见的黑脸琵鹭、白琵鹭，又或是我们城市首次记录的东方白鹳，当然也有白鹭、苍鹭、水雉……无论是哪一种鸟，对我们而言，都是生动的观察对象，也是丰富的写作素材。

最值得书写的，还是那些极少见的野鸟。它们之所以来到我们的城市，栖息在这里的湿地生境，是因为家园里的水清澈了，物种丰富了，生态环境宜人了……

这或许就是对“生物多样性”最美好的诠释。这也正是一个观鸟者最大的幸福。

在《翘盼野鸟飞来》即将付梓之际，我既要向在观鸟路上悉心指导我的蟑螂老师致敬，也要向默契配合我的插画师苏庭萱老师致意，更要向为我的小书付出辛勤劳动的李丛彦老师致谢。

纵然我已尽了全力，参考了诸多的专业著作，但我的小书仍然单薄而不免粗疏，甚至可能还存在一些愚蠢的错误，恳请各位大小朋友斧正。

也正因为有了您的厚爱，此时的我又要启程了。因为春天快要来了，万物终将复苏，我期待着，与自然万物相遇，与最亲爱的您相见。

何腾江

2024年1月19日于广东中山

参考书目

1. 赵欣如 . 中国鸟类图鉴 [M]. 北京：商务印书馆，2018.
2. 刘阳，陈水华 . 中国鸟类观察手册 [M]. 长沙：湖南科学技术出版社，2021.
3. 杨金 . 福建鸟类图鉴 [M]. 福州：海峡书局，2018.
4. 欧阳婷 . 北方有棵树：追随大自然的四季 [M]. 北京：商务印书馆，2021.
5. 宋晓杰 . 我的湿地鸟类朋友 [M]. 广州：新世纪出版社，2018.
6. 大山 . 褐马鸡和他的邻居们：大山观鸟记 [M]. 南京：江苏凤凰文艺出版社，2018.
7. 张海华 . 云中的风铃 [M]. 宁波：宁波出版社，2017.
8. 刘从康，王俊 . 身边的鸟 [M]. 武汉：武汉出版社，2016.
9. 廖晓东，马学军 . 我的第一本观鸟日记 [M]. 广州：新世纪出版社，2013.
10. 肖辉跃 . 醒来的河流 [M]. 北京：商务印书馆，2023.
11. 高维生 . 鸟儿歌唱的地方 [M]. 长春：北方妇女儿童出版社，2023.

12. 木也 . 飞鸟物语 [M]. 桂林：广西师范大学出版社，2017.

13. 王自堃 . 坛鸟岁时记 [M]. 南宁：广西科学技术出版社，2019.

14. 韦斯特伍德，莫斯 . 鸟鸣时节：英国鸟类年记 [M]. 朱磊，王琦，王惠，译 . 南京：译林出版社，2021.

15. 霍尔 . 美丽的地球 · 大迁徙：地球上最伟大的生命旅程 [M]. 平晓鸽，译 . 北京：中信出版社，2020.

16. 霍伊特 . 鸟儿和它们的巢 [M]. 刘佳瑀，译 . 北京：商务印书馆，2020.

17. 汤姆森 . 动物生活史 [M]. 胡学亮，译 . 北京：新星出版社，2016.

18. 科利别里 . 大地仍躲在棉被下越冬：俄罗斯自然随笔 [M]. 陈淑贤，译 . 北京：中国青年出版社，2021.

19. 朗贝尔，罗贝尔 . 飞鸟记 [M]. 高璐，侯镌琳，译 . 北京：北京大学出版社，2016.

20. 巴勒斯 . 飞禽记 [M]. 张白桦，译 . 北京：北京大学出版社，2015.